いのち

生命科学に言葉はあるか

最相葉月

文春新書
474

『いのち――生命科学に言葉はあるか』目次

序章　ドリーの遺言……9

第1章　痛い、もやもやしたもの
――鷲田清一との対話……35
「僕は、自己決定という概念は極限的な状況でのみ使う概念だと思っている。そうしないと、これは自分のものだからどう処理したっていいという際限ない話になってしまう」
「人間が生きる意味というのは、偶然をどういうふうに意味のあるものに変えていくかということです」

第2章　宇宙のなかの人間
――柳澤桂子との対話……55
「子供にとって自分のルーツってほんとうに大事です。これは自我の形成と深い関係があると思います」
「遺伝子の働きはみなさんが思うよりもっと強いんです。六十年以上生きていろんな家族を見てきますと、ああ、あの遺伝子はあんなふうに出てきたんだ、とわかるのです」

第3章　いのちの始まりと宗教の役割
——島薗進との対話 ……… 75
「国民感情の中に脳死臓器移植を好ましくないとする考え方が出てきたのは、必ずしも宗教界の影響ではないと思うんです」
「生命科学は、世界の富裕地域のゆとりある生活をもっと高めたいというタイプの欲求であって、世界全体でどういう医療が必要かということに関しての配慮が薄くなっている」

第4章　科学者の社会的責任
——中辻憲夫との対話 ……… 95
「やる限りはES細胞株をつくった研究所が所有して独占的に研究するのではなくて、みんなが使える公共財産にすべきだ」

「今、生命科学の最先端で問題視されていることは、人間の欲望や現代社会の成り立ちのほうに根本的な問題があるという気がするんです」

第5章　動物と人間の関係
——山内一也との対話　115
「クローンは経済的な利益につながるものではないでしょうね。しかし、クローン以上に問題なのが、遺伝子組換え」
「研究者たちが動物福祉や動物の権利について哲学的な論理思考ができるかというとそうではない。教育されていなかったですから」

第6章　センス・オブ・ワンダー
——荻巣樹徳との対話　137
「瞬時に植物の同定ができる人はほとんどいない。初めて行く地では不可能に近いです。植物を研究している人たちのほとんどは、踏みつけていても気づかない人が多いですよ」
「野生植物と、目的をもってつくられた遺伝子組換え植物を同じレベルで見てはいけない。それが人間の知恵だというのであれば、有用植物という認識でやればいいいと思う」

第7章　日本人の死生観
——額田勲との対話……159

「きょうび、中高生がコンビニへ行くような感覚で中絶するような、人間の生誕に対しては粗雑な日本社会が、こと、死の問題になると全然違うということです」

「震災後、死者は高齢の女性が圧倒的に多いという新聞報道に接したとき、こういう記述がまかり通るのが今の社会で、それが脳死問題のひとつの側面でもあるなと思った」

第8章　先端医療を取材して
——後藤正治との対話……181

「たどりついたところは、個々の『選択』ということでした。脳死と臓器移植は『二五パーセント医療』ではないかと思っています」

「生死にかかわる医学問題については、厳密な事実関係の提示がまずあって、その上に議論がある。ジャーナリズムは最低限そうでありたいと思います」

第9章　宇宙で知る地球生命
――黒谷明美との対話 …… 207

「よく地球外生命を探している人がいうんですけどね、地球はとても幸運な星で、条件がそろって、これだけ多様な進化を遂げた星はない」
「今の科学の段階では、ゲノムがわかったからといって設計図が全部わかったわけじゃないから、卵から複雑な形ができていくところをつくるのはすごくむずかしい」

第10章　遺伝子診断と家族の選択
――アリス・ウェクスラー&武藤香織との対話 …… 229

「遺伝的な情報は、医学的にはそれなりに意味があるとは思います。でも、同時にわれわれは遺伝子そのものではないということも忘れてはいけない」

「研究者である前に人間でありたいし、患者さんや家族と情報をシェアしながら一緒に進むという、研究者と研究される側の関係をつくっていけるのではないか」

第11章　進化と時間の奇跡
——古澤満との対話 …… 251

「憲法をいくら読んでも日本がどんな国かはだれも想像できないということと同じで、ゲノムをいくら解析しても猫がなぜあんな形をしているのかはわかりません」
「だからここで、進化には時間がかかるのかという大問題がでてくる。僕は、進化は時間の関数ではないと思っています。変わるから進化なんです」

終章　未来 …… 271

序章

ドリーの遺言

クローン羊ドリーの誕生が社会へ与えた衝撃
は絶大だった（写真提供　共同通信社）

手元に腕時計がある。一九九九年春夏の新デザインとして販売されたスイスの時計メーカー、スウォッチのドリー・ヴァージョンだ。水浅葱《みずあさぎ》色のビニール製バンドにはCLONEとアルファベットが白く刻まれ、文字盤には数字の代わりに十二頭の羊の頭が並んでいる。その二年前、九七年二月に刊行された英科学誌ネイチャーで初めてその誕生が発表された、クローン羊ドリーをモチーフにしたものである。

大人の羊の乳腺細胞を別の雌羊の卵子に移植して誕生した初めての体細胞由来クローン動物は、豊満なバストをもつ歌手ドリー・パートンにちなんでドリーと呼ばれ、世界でもっとも有名な羊となった。私が把握しているだけでも、たとえば、スティーブン・スピルバーグ監督の映画『A. I.』や劇作家キャリル・チャーチルの『ア・ナンバー』、芸術家パトリシア・ピッチニーニの異形の彫刻群『ウィ・アー・ファミリー』、児童文学作家ナンシー・ファーマーの『砂漠の王国とクローンの少年』など、多くの表現者にインスピレーションを与えた。しかし、ときの流行をすばやくデザインに採り入れることで知られる時計メーカーが、ドリーを商品キャラクターにすると知ったときにはさすがに驚いた。予約が殺到しているとの情報をつかみ、ものは試しと発売初日に入手、その年いっぱいは使ってみた。だが、電池切れを機にさわることもなくなり、ドリーが進行性の肺炎が原因で安楽死させられた二〇〇三年二月十四日以降は、タンスの抽斗《ひきだし》の奥深くしまいこんだ。

この原稿を書くため久しぶりに取りだしてみたのだが、バンドはうっすらと黄ばみ、早くも流行遅れの感があるのは否めない。今になって初めて気づいたのだが、浮き彫りになった縦長の十字マークは核移植をするときに使う実験器具のピペットであった。当時はこれを十字架だと思いこんでデザイナーの意図をあれこれと詮索してみたりしたのだが、とんだ勘違いである。

最近ではクローンに関する報道自体、ほとんど目にしなくなった。インターネット企業のニフティが提供する国内五十一紙誌の記事データベース「Gサーチ」で「クローン」と「クローン人間」のキーワードを検索してみたところ、ドリー誕生を発表した九七年に急増した「クローン」の報道件数は二〇〇二年をピークに減少して二〇〇四年に半減、「クローン人間」に至っては三分の一に激減、今も減り続けている（表1参照）。あの騒ぎはなんだったのだろう。ドリーもまた、現代社会にみごと消費され、忘れ去られてしまったのだろうか。薄っぺらいオモチャのような腕時計にかすかな懐かしさを覚えている私自身が、すでにそれを実感している。

クローン羊ドリー？　ああ、そういえば昔、そんな羊がいたっけ。

表1　報道件数の推移

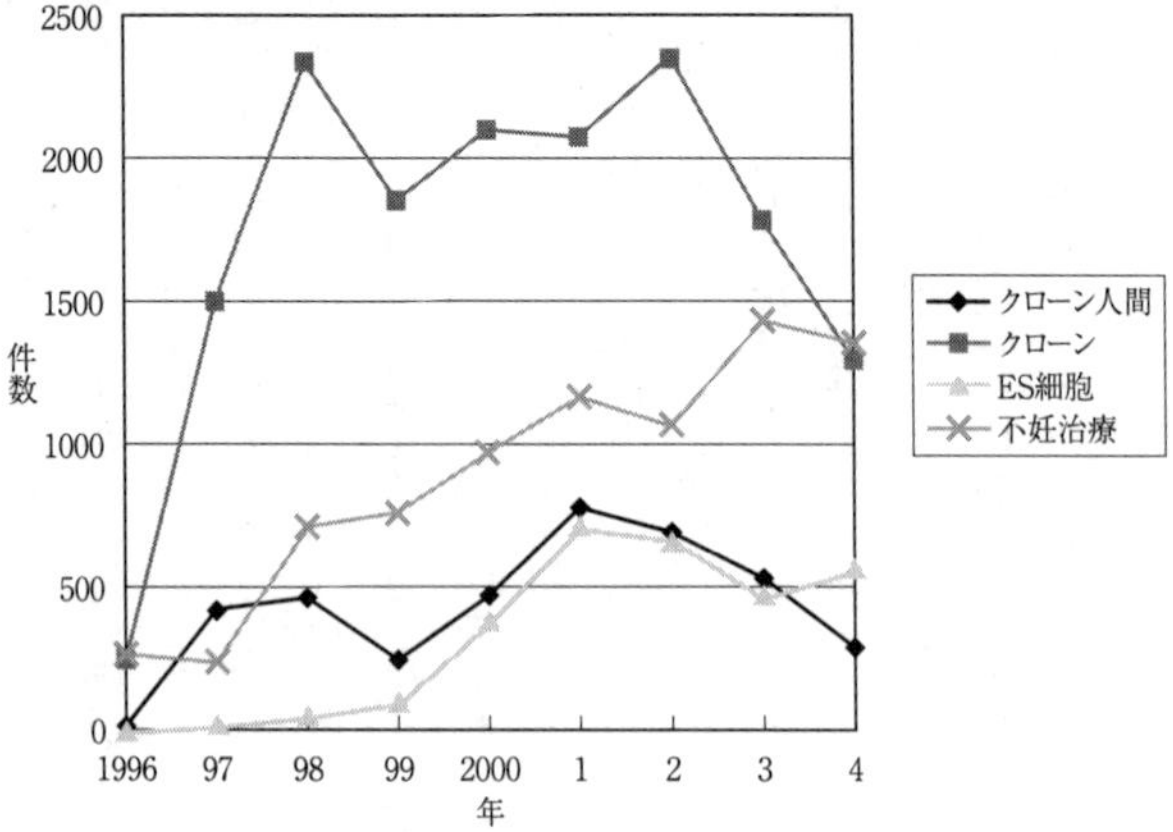

「ドリーによって私の人生は変わった」

ドリーの生みの親として世界中にその名を知られるようになった科学者、英ロスリン研究所のイアン・ウィルマットは、共同研究者のキース・キャンベルと科学ジャーナリスト、コリン・タッジとの共著『第二の創造』（原題『セカンド・クリエーション』牧野俊一訳）にそう記している。ドリー誕生がたんに科学界の評価にとどまらなかったことは、神の天地創造を意識した、この大仰な書名からも読みとれる。

ただ、科学的にみれば、ドリーよりもむしろ、九五年夏に羊の胎児の繊維芽細胞という分化細胞から生まれた最初の哺乳類クローン、ミーガンとモーラグのほうがずっと興味深いものだったらしい。キース・キャンベルは、この二頭にくらべれば、ドリーなど「安物の金メッキにすぎない」とまでいっている。

というのも、かなり専門的な話になるが、ドリー成功の秘訣といわれる細胞周期の問題を証明したのが、ミーガンとモーラグだったためだ。細胞周期とは、細胞が増殖するときにDNAの複製と細胞分裂が繰り返される周期のこと。核を提供するドナー側の細胞周期と、移植を受け入れるレシピエント側の細胞質のMPFと呼ばれる成熟促進因子の濃度が、核移植の成否を左右するというのである。

実際、石川県で世界初の体細胞由来クローン牛「のと」「かが」が誕生した九八年夏に、札幌で開催されていた畜産関係の学会を取材したところ、ドリーの評価がそれほど高くないのでいささか拍子抜けした。世界最高水準の畜産技術を誇る日本人としての自負もあったのだろうが、「ロスリン研究所の成果はノーベル賞数個分に相当する」と手放しで称賛したのはたった一人。ほかは、「技術的にみれば、一九六〇年代に、アフリカツメガエルのおたまじゃくしの小腸上皮細胞からクローンカエルを作ったJ・B・ガードンの実験の価値のほうが大きい」とか、「動物の育種に分子生物学的手法が加わっただけのクローン羊に、どうして人はそんなに大騒ぎするのか」などといい、こちらの取材意図を逆に問い返されたほどだったのだ。

こちらの意図とは、科学技術の社会的影響や、クローン技術が人間に応用されることの可能性について聞くことである。だが、そのような質問は、学会という場所にはふさわしくないようだった。科学者と、そうではない者の認識の違いは、想像以上に大きかった。

世界初の生命倫理学研究所ヘイスティングズ・センターの設立者、精神科医のウィラード・ゲイリンは、「科学的思考の持ち主にとっては、一個の細胞からクローンニンジンをつくりだすという飛躍のほうが、クローンニンジンの成功からクローン人間をつくりだすという飛躍よりも大きい」(ニューヨーク・タイムズ・マガジン一九七五年三月五日号)と述べているが、ドリーを前にしてなお、クローンカエルについて滔々と語る科学者を前にして初めて、私は、その「科学的思考」なるものに違和感を覚えたのだった。

だが、時の経過とともに、ドリーは、科学者らをこれまでとはまったく異なる次元へと押し上げることになった。クローンに関する報道が増加し、科学者自身が自分の扱う技術と社会の関係を強く意識せざるをえなくなっていったのである。

もっとも、ウィルマットらにはその予感があった。ドリーの重要性も、社会的な影響も予期していた。だからこそ、九六年七月に誕生してからネイチャー誌に発表するまでの期間に論文を精査し、生まれた羊が本当に遺伝的にクローンであるかどうかを検査し、反響に備えて研究所の態勢を整えたのである。

ウィルマットがひとり有名になったのは、このとき広報担当としての役割を担うことになったためだ。この任務を思いのほか気に入っていたウィルマットは、発表後数週間のうちに二千本の電話を受けて事態の深刻さを痛感することになった。

亡くなった子供をクローン技術で取り戻したいと涙ながらに告げる人、「神の冒瀆だ」とヒステリックにわめく人、無宗教者であるウィルマットの宗教的な信念を問いただそうとする人、クローン人間誕生の恐怖をあおり立てるマスコミ。だれがこれほどの事態を想像できただろうか。

「まさに、両刃《もろは》の剣《つるぎ》なのです」

九八年夏に来日したウィルマットは、私のインタビューに答えてそういった。

「私は広報マンのようにこうして各国で講演活動をしていますが、それはビジネスとしての意味だけではなく、この技術を生み出した者として、その内容と目的を説明する責任があると思っているからです。間違った使い方をされたくないのです」

すでに繰り返し報道されていることだが、ドリーがなぜ生まれることになったのか、その科学的意義をここで改めて確認しておこう。

ドリーの成果は、哺乳類の成体の体細胞が全能性（すべての組織や器官をつくり、個体を形成する能力）をもつことを証明しただけではない。科学的な新奇性は少ないとしても、今後の基礎研究のみならず産業界に与える効果は絶大なものだった。というのも、技術がどのように社会にフィードバックされるかが比較的わかりやすく具体的に提示されているからである。

日本人にもっともなじみ深いのは、二〇〇五年六月現在、すでに四百頭以上も誕生している体細胞クローン牛のような家畜の増産だろう。だが、ウィルマットらが主たる目的としたのは、医学の進展を支える基盤技術としてであった。

たとえば、人間に有用なタンパク質を乳汁中に出すよう遺伝子を操作した動物や、嚢胞性線維症（外分泌腺の異常で消化器や呼吸器に多彩な症状が現れる先天性疾患）のような遺伝子疾患のモデル動物をつくる「動物工場」、さらに、損傷を受けた臓器や神経細胞の再生や、老化やがんのメカニズムの解明などである。

事実、ドリーは、遺伝子組換え動物由来の医薬品生産を目的とするベンチャー企業PPLセラピューティクスとの共同研究の成果だ。ウィルマットは、動物の臓器を人間の臓器移植に役立てる異種移植関連の技術や遺伝病研究をライセンシングするロスリン・バイオメド社（のちに米ジェロン社に買収されジェロン・バイオメド社）の価格担当ディレクターとして営業活動も行っており、そこでは移植の拒絶反応や感染症などの未解決事項の研究が進んでいた。

「私たちのすぐあとに、ハワイ大学の柳町隆造さんと若山照彦さん（現・理化学研究所）がマウスの体細胞クローンを世界で初めて成功させましたが、マウスでできるならほかのあらゆる動物でもこの技術が応用されていくでしょう。マウスは必ずしも人間の疾患研究の実験動物として適切ではない場合もあるので、たとえば、冠動脈疾患ならブタがいいとか、ラビットがいいとか、疾患に応じて利用する動物の選択肢が広がります。

ただ、安全性の面からみても、ドリーの技術を人間に応用するのはまだまだ危険です。もし羊と同じことが人間に起こったとすると受胎したものの半分は流産してしまうでしょうし、出産の一、二日前に死産する可能性もあります。羊の経験からいえば、たとえ生きて生まれても、五分の一は死んでしまいます。形態異常も発生しています。人間の子供にそういうことが起こったら非常に恐ろしいことです。ですから、動物での損失が少なくなるまでは適用すべきでないと、まずいわなくてはならないでしょう。

では、安全だとなったときには許されるのか。クローン人間をつくってもいいではないかという議論が出てくるかもしれません。私は当初からクローン人間は絶対にいけないといっています。生まれてくる子供の人権や家族の概念を揺るがし、結果として非常に不幸な結果になることを危惧するからです。倫理的な問題はもっと時間をかけて討議しなければなりません」

クローン人間は絶対に阻止しなければならない。技術的にも検証すべき点は山積しているし、倫理的な面からも問題が大きい。たしかにそうだ。少なくとも、このインタビューの時点では私もウィルマットに賛同し、この技術が人間の誕生に利用されることのないよう注視しなければならないと思っていた。なにより、生まれる子供の未来への想像力が決定的に欠落している。

現に、当時、私が行ったクローン技術に関する国内初の意識調査（調査期間：九八年六月〜九月、調査対象：国会議員、宗教団体、大学学長、法曹界、バイオ関連企業、生命科学系研究者、不妊治療の患者団体、大学生、関連学会へ二千六百五十通送付、有効回答七百九十五通。発表媒体・サピオ誌九八年九月〜十二月）で列挙した質問項目は、いずれもクローン技術の人間への応用を最終地点においたもの、すなわち、クローン人間しか視野に入れていないものだった。

しかし、これでは予測されるさまざまな問題の一割程度しか把握できていないと気づいたのは、その直後、九八年の十一月に、アメリカの二つの研究グループが時を同じくして発表した研究成果が報道されたときである。

ひとつは、米ウィスコンシン大学のトムソンらの研究グループが、体外受精したカップルの受精卵から、臓器や組織に分化する能力をもつ細胞（胚性幹細胞、以下、ES細胞、embryonic stem cell）をとり出し、培養して増殖することに成功したというニュース。

もうひとつは、米ジョンズ・ホプキンス大学のジョン・ギアハートらが、中絶した胎児から精子や卵子になる細胞（始原生殖細胞）をとりだし、そこからES細胞とほぼ同様の能力をもつ幹細胞（EG細胞、embryonic germ cell）を培養することに成功したというニュース。

クローン技術は、ここで一気に身近なものになった。なぜこの二つの成果がクローン技術と関係するかといえば、たとえば、パーキンソン病などの神経疾患をもつ患者が、自分の体細胞の核を卵子に移植してできたクローン胚からES細胞をとりだし、神経細胞に分化させることができれば、核の遺伝情報は患者自身のものであるため、拒絶反応のない細胞移植が可能になるからである。このようなクローン技術はまもなく、生殖用クローン技術（reproductive cloning）に対し、治療用クローン技術（therapeutic cloning）と呼ばれるようになった。

それにしても、いったい、何が起きようとしているのか。

体外受精した人の受精卵？　中絶胎児？　クローン胚からES細胞？　アメリカのベンチャー企業が彼らの研究に資金供与して、特許応用に関する世界的ライセンスをもっているって？

この状況にもっとも早く反応したのは、受精卵を人とみなすキリスト教会やキリスト教を背景にもつ市民団体である。とくにローマ法王庁は監視の目を光らせ、反対声明をひんぱんに発表した。二〇〇〇年八月に、イギリス政府の諮問委員会が人間のクローン胚づくりやES細胞の研究利用を解禁する報告書をまとめて政府に答申したときは、これに対して「人間の胚を傷つけたり破壊する研究は道徳的に容認できない」と声明を発表して物議を醸した。アメリカのCNNは「幹細胞研究を捨て去るなんて何もわかっちゃいない」という科学者の嘆きを翌日大きく報じている。

アメリカも厳格な指針のもと、国立衛生研究所（NIH）が研究助成を行う方針だったが、中絶反対を唱えるキリスト教右派を支持基盤にもつブッシュ大統領は、二〇〇一年の着任と同時に大統領生命倫理委員会を設置し、クリントン政権時代につくったES細胞株以外の研究を禁止、治療用クローン技術の研究も含めて一切のヒト胚の研究利用を四年間停止した。

日本では、橋本龍太郎首相時代の九八年二月に設置された科学技術会議生命倫理委員会の下部委員会、クローン小委員会がクローン技術の人への応用と規制について審議していた。私はその傍聴を続けていたが、翌年二月に、その委員会とは別の下部委員会としてヒト胚研究小委員会が設置され、クローン法とは異なる枠組みでES細胞の指針が検討されようとしているのを見て、ようやく事態のからくりを認識することになった。

日本政府の方針は、クローン人間については厳しい罰則のある法律のもとで禁止するけれども、それ以外のヒト胚研究は医療目的であれば今後どんどん開いていこう、ということなのだ。

クローン小委員会では橳島《ぬでしま》次郎委員（三菱化学生命科学研究所）らから、ヒト胚を用いる研究は、クローン胚もES細胞も、すべて生殖医療全体を包括する法のもとで規制すべきだという反対意見が提起され、国会でもこの議論は続いた。

私も、二〇〇〇年十一月、「ヒトに関するクローン技術等の規制に関する法律案」、いわゆる、クローン法案が審議されている衆議院科学技術委員会に参考人として招致された。いくつかの雑誌で取材記事を発表し、法案については、朝日新聞のオピニオン欄で「課題棚上げしたクローン法案」（同年五月四日付朝刊）と題する批判記事を寄稿していたためではないかと思う。

衆議院で私が発言した法案の問題点は、大きく次の二点だった。

一つは、クローン技術の法制化を審議した国の生命倫理委員会の人選について。当時の井村裕夫会長は、再生医療を推進する神戸医療産業都市構想の要職をつとめる人物であったため、そのような立場にある人が同時に生命倫理委員会の長であることは公平性に欠けるのではないかという適格性の問題である。これは、ネイチャー・メディスン誌で最初に報道された問題点でもあり、欧米の倫理委員会ではその研究に利害関係のある委員は採決をはずれることで公正さを担保している。井村氏個人への批判では決してなく、倫理委員会のシステム上の不備として指摘した。

もう一つは、朝日新聞で書いた記事とほぼ同じ主旨だが、生殖技術全般に関わる問題を置き去りにしたまま、ＥＳ細胞研究のような商業化につながる技術は推進する一方、クローン人間だけを厳重な罰則つきの法律で禁止しても抜本的な解決にはならないという点である。「ヒト胚の包括的な規制を検討すべきだ」と述べた。

するとこのとき、社民党の北川れん子議員にこう質問された。

「この法案が棚上げした問題はよくわかったが、最終的に、最相参考人は、クローン人間を禁止することについては反対しないという立場ではないか」と。

私は答えに窮した。もしこの法案には不備な点が多いからという理由で廃案になったとして、明日もしクローン人間が生まれたら、あなたはその責任をとれるのかと突きつけられたように思えたのである。実は、朝日新聞紙上でも同じことがあった。私の原稿に対し、クローン法づくりの事務局をつとめていた科学技術庁の佐伯浩治・生命倫理安全対策室長（当時）が同じ欄でこう返してきたのだ。クローン人間が生まれたらどうするか、と。

私はそのとき、紙上でも、国会でも、それでもクローン法案に反対するといい切ることはできなかった。今思えば事実確認が必要なあいまいな情報ばかりでマスコミも反省すべき点は多々あるのだが、当時はカルト宗教の団体や、イタリアやアメリカの急進的な産婦人科医がいまにもクローンベビー誕生を発表しそうな勢いであった。クローン人間を視野に入れた不妊治療診療所を千葉につくると公言するアメリカ人医師もいた。クローン動物の成功率の低さ（ドリーの場合で、二百七十七個の核移植した卵子から一頭の成功率）を考えれば、同じことが人間で行われるなど考えられなかったが、万が一の可能性がないわけではない。とりあえず、法律でクローン人間誕生の部分だけでもブレーキはかけておくという政府の方針に反論するには、相当の理由が必要だったのだ。

結局、クローン法案は二〇〇〇年十一月三十日、衆参両院とも賛成多数で可決した（「ヒトに関するクローン技術等の規制に関する法律」二〇〇一年六月六日施行。以下、クローン法）。同じヒト胚なのに、クローン人間は法律、クローン胚は法律に基づく指針、ES細胞は行政指針、不妊治療は日本産科婦人科学会の会告、と規制のレベルがバラバラといういびつな状況は、このクローン法の成立で決定的となった。しかも、人のクローン胚や人と動物の配偶子を交雑させた胚など四種類の胚を人間や動物の子宮に移植すれば、「十年以下の懲役もしくは千万円以下の罰金」に処するという厳罰つきである。科学技術を研究の段階から罰則規定を設けて禁止したのは、歴史上、初めてのことだった。

ここで注意しなければならないのは、法律が厳罰をもって禁じているのは、クローン胚や動物との交雑胚を「子宮に移植」する段階であり、これらの胚を作成すること自体は、クローン法そのものではなく、クローン法に基づく「特定胚の取扱いに関する指針」で規制されている点である。法律の附則には、施行後三年以内に、内閣府総合科学技術会議などにおける検討の結果をふまえて、「この法律の施行の状況、クローン技術等を取り巻く状況の変化等を勘案し、この法律の規定に検討を加え、その結果に基づいて必要な措置を講ずるものとする」とある。総合科学技術会議とは二〇〇一年一月の省庁改編で新しく内閣府に設置され、各省庁より一段高い位置から科学技術政策の企画立案と総合調整を行う機関のこと。この附則によれば、総合科学技術会議の審議や社会情勢を鑑みてよしとなったら、規制を改訂する可能性もあるということなのだ。となれば、法律より規制のレベルの低い指針から解除されていくと考えるのが自然だろう。クローン人間はつくらないけれども、クローン胚はつくられる可能性があるということだ。

事実、総合科学技術会議のもとに設置された生命倫理の審議機関である生命倫理専門調査会が、ヒト胚を用いる研究を行うにあたっての「ヒト胚の取り扱いに関する基本的考え方」について審議を始めて八回目の会合（二〇〇一年十月五日）の最後に、井村裕夫会長がクローン胚の作成はできるだけ早く解禁したいという意味を込めて「一年以内に結論を出します」と発言したため、議論の動向から目が離せなくなった。

病気を治すための研究を推進するのが何が悪いのか、医学目的ならよいではないか、と考えるのはあまりにナイーブすぎる。それは、ウィルマットが指摘するような技術の安全性の問題だけではない。

ここからは想像力を大いに発揮しなければならないのだが、ＥＳ細胞やクローン胚の研究をするといっても、その出発点にあるのは卵子や受精卵である。18ページに「パーキンソン病などの神経疾患をもつ患者が、自分の体細胞の核を卵子に移植して」と書いたけれども、では、その卵子はどこでだれから手に入れるのだろうか。体外受精というすでに医療現場で臨床応用されている技術との関わりはどうなるのか。アメリカには民間の卵子バンクが存在し、約五百万円で流通しているが、移植医療が実現したとして、卵子や受精卵などの人体組織を商業利用することになってもいいのだろうか。貧しい国の人が経済的理由から、卵子や受精卵を売るような新たな南北問題が起こる危険性はないのか。そもそも卵子や受精卵は、あげたりもらったりしてもよいものなのか。疑問は山積していた。

それだけではない。

時を同じくして、日米欧国際ヒトゲノム・プロジェクト・チームと米ベンチャー企業セレラ社がヒトゲノムの解読を進めていた。ヒトゲノムとは、二十三対の染色体に組み込まれた遺伝情報の総体である。この解読が進めば、糖尿病やがん、統合失調症、躁うつ病のような精神障害までも病因遺伝子がわかり、個人に応じたテーラーメイド医療が可能になると期待されていた。だが、ヒトゲノム研究が切り開く医療は、必ずしもバラ色一色ではないようであった。

ドリー騒動の最中、九七年三月にヒトゲノム特集を組んだ米経済誌フォーチュンは、クローン人間騒動という目くらましに引っかからなかった希有なメディアだったかもしれない。表紙のキャッチコピーは「フォーゲット・クローニング・シープ」。ドリーのことは忘れろ、もっと大変なことがあるぞ、というのである。そこには、次のような指摘があった。

遺伝子を検査することは、その結果によっては就職や結婚、生命保険における差別につながる危険性がある。それは、自分だけに止まらず血縁者にも影響するものだ。もっとも議論の俎《そ》上《じょう》に載せられるのは、単一遺伝子疾患といって、片方の親が患者でその遺伝子を受け継いだ場合は必ず発症するとされる病気である。この場合、診断結果を聞くことがすなわち、自分がその病気になるか否かの決定を下されることである。病気の治療法がまだ存在しない場合、自分の将来を事前に知らされるようなことがあってよいのか。病気の遺伝子をもたない受精卵を選んで子供をつくることは、いのちの選別になるのではないか。やがては、親の望みどおりに遺伝子を操作したデザイン・ベビーをつくることも不可能ではない。そのような技術を諸手をあげて受け入れてしまっても大丈夫なのか。この究極の個人情報を完全に保護することはできるのか。

……どうやら、クローン人間を禁止すればいいという話ではなさそうである。生命の誕生に介入しつつある科学技術は、もっと深くむずかしい問いを私たちに突きつけていた。

二〇〇一年九月、不妊治療を受けるカップルが廃棄を決めた凍結受精卵に限ってES細胞の樹立・使用を認める「ヒトES細胞の樹立及び使用に関する指針」が施行されることになったとき、私は、生命倫理委員会や国会審議で棚上げされた疑問の数々をフォローしていく作業にとりかからねばならないと感じていた。幸いにして、研究はまだ基礎の段階であり、臨床応用までには少なくとも五年以上の猶予がある。法律も三年後の見直しをふまえ、クローン胚の作成は法に基づく指針で規制していた。研究の一時停止、モラトリアムは、禁止を意味するのではないが、頭を整理して冷静に考えるには格好のチャンスでもある。モラトリアムは、世界的な傾向でもあった。

思えば、私が生命科学の取材に取り組むことになったのは、九八年夏、ウィルマットがモラトリアムの価値について言及したときだった。

「これは生物学者自身が考えをまとめる時間を与えられただけではなく、すべての人にとっての猶予期間ということだと思います。核移植はまだ非効率的で危険な技術です。だからこそじっくり取り組まないといけないし、すぐ結果が出ないからこそ考える余裕も生まれたわけです。

私は自分自身のことをまったくの楽天家だと考えています。ほとんどの場合は世の中の役に立つことをしたいと思うのです。時に、自分のしていることに不安になることもあります。でも、それは決して新しい状況だとは思いません。数千年前の石器時代に初めて人が斧をつくったときも、それは動物を殺して食べたり、木を切ったり、人を殺したりするための道具でした。つまり両刃の剣です。人生とはそういうものだと思ってきました。

テープレコーダーやコンピュータに重要な物理学も、日本に原爆を落とした物理学と同じです。だから、社会はそれを使ってどうするのか、何をすべきなのかを考える時間をもつことが重要なのだと思います。ただ非常に微妙な問題です。すべてがいい方向に進むとはいえません。この技術をどうすべきか、一緒に考えてみてはくれませんか」

ウィルマットの人生がドリーによって変わったならば、ウィルマットのこの言葉で私の心は固まったのかもしれない。

ウィルマットをメインゲストとする読売新聞社主催のシンポジウムでパネリストを引き受けたとき、手ぶらでは申し訳ないと思い、前に述べたクローン技術に関する意識調査を発表したところ、これにウィルマットが強い関心を示したことがきっかけとなりインタビューが実現した。それは、始まりにすぎなかったのだ。当時執筆していた連載記事の最終回で、私は、次のようなウィルマットの言葉を紹介し、「本連載をいったん終了する」と書いている。

「二十歳のときでした。イギリスを離れてデンマークの農園で過ごしていたとき、サマセット・モームの『かみそりの刃』を読みました。友が目の前で戦死したのを見て人生に疑問を抱いた若者が、世の中のいろんな宗教、考え方を探し求めて旅をする物語です。西側を少し冷笑しているところもありました。

この本によって、私の目は開かれました。世の中には西洋人とは異なる考え方があること、自分には知らない世界があることを知りました。そして、物事を別の視点から見据えること、ときには懐疑的な目で深読みすることも必要だと思うようになったのです」

ドリーは、やはり、彼らのもとに生まれるべくして生まれたのだ。


生命倫理委員会や国会審議で抜け落ちた疑問をフォローしていく作業にとりかかることがで

きたのは、拙著『青いバラ』を上梓してまもなくの、二〇〇一年秋だった。遺伝子組換え技術が、育種家の長年の夢であった青色のバラを可能にするかもしれないというとき、人間の欲望とバイオテクノロジーの関係を見つめ直すことは、クローン羊ドリーの意味を考えることと不可分の関係にあった。

私は、取材で知り合った専門家や友人のライター、編集者に声をかけ、クローン技術やES細胞による再生医療をはじめ、人の誕生に関わる科学技術をめぐる情報を整理提供し、読者の質問に専門家が回答する場をインターネットに設けることにした。

名称は、「ライフサイエンス・インフォメーション・ネット」、略称LNET。キャッチフレーズは、「受精卵は人か否か」。もちろん、それに答えを出そうという意味ではなく、受精卵を切り口とすることで、情報の拡散を防ぎ、論点を明確にしていこうという意図があった。

サイトの運営スタッフは非専門家で、専門家もみなボランティアで参加してもらった方々だった。社会学者、生命倫理学者、宗教学者、生物学者、哲学者、作家、牧師、弁理士、バイオ企業の顧問、不妊治療経験者など、最終的には国内外から十五名がサポーターとして関わってくれることになった。

「なぜ、どんな目的でその技術が生まれ、それによって何がどうなるのか、生じうる問題に対処するには何をすればいいのかを的確に把握し、公平に評価し、社会的な合意を得るために専門家と一般の方々との橋渡しをしたい」

「あなたがあなた自身の考えを深めるための補助的役割を果たせれば幸いです」

サイトの目標にはそう書いた。もちろん、スタッフや専門家、私自身が個人的な見解をもつ場合はあるので、それはコラムのコーナーでそれぞれ自由に展開することとした。無理せず、できる人ができる時間に協力する。そんな緩やかなつながりで、運営していく。サイトの期限は、国や研究機関、大学などの教育機関がこんなシステムを完備するまでと考えた。

ホームページを公開したばかりのころ、こんなことがあった。一人のスタッフが懇意にしている井上陽水さんにサイトの主旨を説明したところ、「ニッポンは、まだそんなことやってるの」といわれたのだそうだ。恥じ入る思いだった。ニッポンを恥じているのか。自分を恥じているのか。よくわからなかった。ただ、陽水さんの言葉は少しちがっている。まだ、ではなく、これから、なのだ。

ブログのない時期、一日あたり二百件程度のアクセス数でも、読者がいると考えるだけで張り合いがあった。質問コーナーには、中学生から五十代の方までが実にさまざまな問いを投げかけてくる。「なぜ動物のクローンは許されて、人間は禁止されるのですか」「子供が欲しいという思いはどこからくるのですか」「遺伝子診断はどこでどのように行われるのですか」「ユダヤ教における〝いのち〟の解釈を教えてください」等々。専門家サポーターに質問を割り振って回答を書いてもらい、適当な回答者が見つからなかった場合は、私自身が外部の専門家に取材したり調査したりして答えるようにした。答えを書くことで、いつしかこちらの勉強にもなっていることがわかった。もっとも頭を抱えたのは、「凍結受精卵を残したまま離婚しました。どう思われますか」という三十代の女性からの質問だった。これについては別途、サイト上に場所を設け、アメリカの判例を紹介することで回答に代えたが、ヒト胚研究の背後にある生身の人間の姿を垣間見たようでいまだに釈然としないでいる。

外に出かけていくこともあった。二〇〇二年には、東京大学医科学研究所で「模擬国家生命倫理委員会」（財団法人神奈川科学アカデミー主催）というイベントを企画し、「クローン胚の利用を認めるか否か」「保険会社の加入審査に遺伝情報を利用することを認めるか否か」の二題について、法律学者、医師、生物学者、社会学者、宗教学者、ジャーナリスト、会場の参加者らに討議してもらった。各人がそれぞれいいたいことを主張して終わる通常のシンポジウムと異なり、模擬裁判のように具体的な事例を設定して議論することは、意見の相違が明確になって問題の根深さを強く印象づけることになった。

こうした試みと同時に、私は、技術の進展状況や審議の過程を取材して記事を書くという作業とは少し違うことをやってみることにした。それが、次章から始まる、各分野の専門家との対話である。この時代の変わり目に、一人でも多くの人の考えをうかがっておきたかった。初めてドリーを見たときに覚えた違和感が、技術を知れば知るほど薄れていくことに不安を感ずるようになったためでもある。できうれば、専門家という「立場」を離れた「人」としての言葉にふれられればと思った。渇望していたといっていい。国の生命倫理委員会で繰り広げられる議論の不毛さに、危機感を覚えていたのだ。幸いにして、旧知の編集者がオンデマンド出版に取り組むことになり、そのPR誌「遊歩人」に二〇〇二年の春から十三か月間連載のスペースをもらうことができた。本書は、そのときの記事を対談形式に書き改め、現状をふまえて大幅に改訂を行ったものである。

各章の概要は以下のとおり。

第1章では、クローン猫の報道をきっかけに、哲学者の鷲田清一さんと自己決定権について語り合った。「自分のものは、自分の思いどおりにしていい」という考え方が、果たして生命科学に無条件に適用されてもよいのかどうか。死を恐れる心や生命の始まりに線を引くことの恣意性についてもご意見をうかがった。

第2章では、生命科学者の柳澤桂子さんに、生殖医療や、受精卵や卵子を医学のために利用することの是非についての考えをうかがった。戦後まもなく、慶應義塾大学病院で始まった非配偶者間人工授精を身近に見てこられた柳澤さんから、思いもよらぬ視点を与えられた。

第3章では、宗教学者の島薗進さんと、生活者の視点から生命科学をとらえることについて対話した。アメリカ主導の生命倫理政策の行方について、日本がとるべき方向性についても重要な指摘をいただいた。

第4章では、日本で初めて人の受精卵からES細胞を培養、分化することに成功した発生学者の中辻憲夫さんに、科学者の社会的責任と再生医療の展望についてうかがった。学生時代の中辻さんのプロフィールは本邦初公開ではないだろうか。

第5章では、ウイルス学者の山内一也さんに、動物バイオテクノロジーの時代の動物保護についてご意見をうかがった。現在、食品安全委員会のプリオン専門調査会でBSE問題に携わっている山内さんの、食品安全行政についての哲学にふれることができた。

第6章では、中国奥地をフィールドワークするナチュラリストの荻巣樹徳さんと、植物と人間と科学の関わりについて対話した。偶然にも、幻の黄色いアヤメを発見された直後となり、そのエピソードもうかがっている。

第7章では、神戸みどり病院理事長の額田勲さんに、地域医療と終末期医療が抱える問題点や、臓器移植と日本人の死生観についての考えをうかがった。額田さんは日本で初めて、生命倫理研究会を設立した方である。

第8章では、移植医療の現場を取材するノンフィクション作家の後藤正治さんと、先端医療と取材者の視点について語り合った。人工心臓の開発から、脳死臓器移植、生体肝移植まで、一貫して患者と医師の立場に寄り添う後藤さんには、うかがいたいことが山のようにあった。

第9章では、宇宙生物学者の黒谷明美さんに、宇宙空間における初期発生から見た生殖の神秘についてうかがった。黒谷さんは、日本初の宇宙生物学実験となった、旧ソビエトの宇宙ステーション・ミールの「ニホンアマガエルの行動学実験」を提案した方である。

第10章は、歴史学者のアリス・ウェクスラーさんと社会学者の武藤香織さんとの鼎談である。ハンチントン病という遺伝性疾患の発症リスクをもつアリスさんと、日本で初めてのハンチントン病の患者・家族会を設立した武藤さんに、病気を突き止める技術が病気を治す技術よりも先走る時代に生きる家族のあり方についてご意見をうかがった。

第11章は、分子生物学者の古澤満さんと、進化からみた科学技術と生命の尊厳について対話した。古澤さんが提唱する「進化の不均衡仮説」には、未来の医科学に貢献するアイデアが秘められていた。

そして、最終章では、二〇〇三年から二〇〇五年現在までの状況を概説し、現時点で私がどんな結論に到り着いたかを述べる。

生命科学がどこへ踏み込もうとしているのかを理解するためには、どれほど対話を繰り返す必要があるか。同時に、どれほど自分の頭で考えてみなければならないかを、今は身にしみて感じている。

第1章

痛い、もやもやしたもの

——鷲田清一との対話——

「僕は、自己決定という概念は極限的な状況でのみ使う概念だと思っている。そうしないと、これは自分のものだからどう処理したっていいという際限ない話になってしまう」

「人間が生きる意味というのは、偶然をどういうふうに意味のあるものに変えていくかということです」

（鷲田清一の言葉）

鷲田清一さんは哲学者である。難解な書物を前に机上で沈思黙考していた哲学を扉の外にとき放ち、「わたし」に引き寄せ、まるで野山や街を肩を並べながら散歩しているように身近なものにした。論じたり主張したりするのではない。ただ、他者の言葉をまっすぐ受けとる、「聴く」という行為のもつ意味を問いかける。考え抜かれた言葉だけを使っておられるからだろう。語り口はやさしいが、深く、むずかしい。

この対話のはじめに鷲田さんにお会いしたいと思ったのは、ご著書のなかのある言葉に何度も膝を打ち、感銘を受けたためだ。それはたとえば、『「聴く」ことの力――臨床哲学試論』のこんな一節。「ことばが《注意》をもって聴き取られることが必要なのではない。《注意》をもって聴く耳があって、はじめてことばが生まれるのである」

現場に足を運び、科学的意味や社会的意義を知り、当事者の声を伝えるという作業を繰り返すだけでは何も解決しない現実を目の前に、ひとりごちることがたびたびあった。そもそも解決すべき問題なのかという前提すら揺らいでいる。時代は人と上手く渡りあえない人々、渡りあう気持ちのない人々となお渡りあうための知恵を求めはじめている。その知恵とは何。答えはあるのか。もう、哲学者になるしかないじゃないかと。そんな問いを繰り返していたとき、鷲田さんの言葉が心に響いた。

はじめに私は、アメリカでクローン猫が誕生したという新聞記事を鷲田さんに読んでいただいた。クローン人間を規制する議論が行われていたとき、ペットのクローンは一つの防波堤になるだろうといわれた。医療や畜産といった大義名分を失ったとき、感情はやすやすと防波堤を超える可能性があるのではないだろうか。

クローン猫をかわいいと思った私は、クローン人間の誕生を否定できない？

最相　実は、クローン猫の写真を見て、かわいいって思ったんです。この感情には自分でも驚きました。

鷲田　人間がしそうなことだなと思いましたね。ペットって、要するに愛玩物でしょう。愛玩物って、愛玩する方の都合で成り立つ生き物ですよね。つまり、かわいがっていた猫が亡くなったから同じ猫を持ち続けたい、そばにいてほしいというこちらの都合。猫の立場ってないわけで、最初から存在がないがしろにされている。自分の存在の理由が別のものにあるわけですからね。その代替物、「コピー」として生まれるということに、ものすごくいろいろな問題があると思うんですね。

最相　どんな問題でしょうか。

鷲田　うん。その前に、すごく大きな話をするとね、近代の科学とか近代の技術っていうのは、人がいる、あるいは自分がいるという意味での「いる」と、「ある」という言葉で呼ばれているもの、むずかしい言い方をすると物や人の「存在」ということですけれども、それらが「持つ」ということに転換されてきた時代だったと思うんです。

僕はここ数年「所有論」に関心をもってるんですが、ヨーロッパの「所有」の考え方は、それを自分がどう処分しようと自分の勝手であるという自由処分権や可処分権という法律の概念とイコールで考えられてきたんです。自分はいったいだれなんだろうと考えたときに、才能や素質のように自分に「ある」ものを発見して、それを自分の存在理由にしたんです。これは僕のものだ、「だから」ではなくて、「だからといって」僕が勝手に処分していいわけではないという考え方もあると思うんですが、そういう思考方法がだんだん見えなくなってきた。

近代社会とは、「これは自分のものだ、だから自分の意のままにしてよい」という形で自分を了解させてきた社会なのかなという気がします。そんな中にペットという、生き物との関係も入ってきている。ペットとは本来自分と自分以外の関係なんだけど、実際にはもう自分の一部ですね。自分がだれかということと切り離せない自分以外の存在。自分の持ち物になっているから、なくしたら、また代わりが欲しいとなるんです。

最相　今のお話でいえば、自分の存在の一部を構成するものを失うということは、自分の存在理由を失うこと。喪失を代わりのもので補おうとするのは、近代の所有とアイデンティティの関係をみれば自然な流れだった。でも、最近の生命科学技術は、近代社会では当然とされていた考え方がはらんでいた問題点を露呈させた。そう考えてよいでしょうか。

鷲田　いや、この問題はむずかしくてね。一方でこの考え方が、個人の自由や個人の独立の基本にもなったんです。自分のことは王様でも領主でもない、自分で決める権利があると確認することが、個人的自由の出発点にある。現代なら、自分がどう病とつきあうかとか、どんな死に方を選ぶかということは、医師から与えられる情報を受けた「自己決定」というような言葉で、尊重されている。それはすごく大切なことです。でも、「これは私のものである、だから自分で決定できる」ということと、「これは自分のものである、だからどのように処理してもいい」ということとは、非常に微妙だけれども違う問題だということをはっきりさせていかないといけないと思う。

最相　自己決定の考え方は、医療を医師の手から患者の手に取り戻す、患者の権利の確立には重要なことでしたよね。その点は積極的に評価すべきこと。ところが何か今、揺らぎがあって、果たしてそればかりでいいのだろうかという疑問が生じています。

鷲田　僕は、自己決定という概念は極限的な状況でのみ使う概念だと思っている。中絶とか安楽死とか、これまでになかったような技術が出てきたために生じた、ある極限的な状況です。そういうとき患者の権利を考える場合に使う言葉で、そこに限定した方がいいと思う。そうしないと、これは自分のものだからどう処理したっていいという際限ない話になってしまう。

自分のうんこも見たことない

鷲田　生命科学技術が可能にした世界の中で倫理を考えるときって、大きく二つの背景があると思うんです。一つは、まず、生きているか死んでいるかということが、僕らの知覚の対象でなくなったということ。母親のときに痛感したんですけど、ほんとうに生きてるか死んでるかわからなかった、病院で。心電図はピコピコ動いている。でも、反応がない。「先生、まだ生きているんですか」と訊かないとわからない。先生のほうも、親戚も一度は顔を見たし、もういいかなという判断がたぶんあって、亡くなるときが決まったという感じです。生と死が操作可能になっているわけです。

昔の僕らは、殺すということ、自殺も含めて、生きること、死ぬこと、亡くなること、病気をすることについて、いろいろな共通の倫理的な判断というのを持ち得ていたわけですよね。

それが道徳とか習俗だった。たとえば、昔の女性は冷たい川につかっておなかの中の赤ちゃんを殺しました。いけないということはわかっていたし、仕方がないこともわかっていた。家族や共同体も「とがめ」「責め」の意識をもちながら、それを供養という習俗の形で折り合いをつけてきた。でも、今はそういう身についた倫理が働きにくい。生命倫理を考えるときの一番の問題は、まずそこに倫理をどう成り立たせるかです。これが成り立たないから、「生命倫理」は法的手続きの問題になってしまっているんです。

最相　「生命倫理」と名の付く委員会は、規制を討議したり、研究が指針に沿っているかどうかを検討する場所になっていますね。もう一つの背景というのはなんでしょうか。

鷲田　もう一つは、社会の問題です。僕が生きた五十年をみても、がらりと変わりました。僕が子供のときには、人は家で赤ちゃんを産んで家で看取られた。でも今は、赤ちゃんは手術室から出てきたらいきなり産着を着ているわけです。「ご臨終です」っていわれたら、死体は葬儀屋さんにバトンタッチ。棺桶に入ってお化粧もしている。あれ、どうなっているんだ、と。生老病死だけじゃない。今の子供って他人のうんこを見ていないです。他人のを見て「でかいなあ、あいつ」と感じることもないし、自分のうんこしか見ないから、「今日のうんこ、ちょっとこれ、白過ぎるぞ」と判断することもできない。

最相　自分のうんこも見てないですよ。洋式便器ですから、見ないで流してしまう。

鷲田　あ、そうか。昔はいつも真下に見えたからわかったんだけどね。食べることもそうなんだよね。食べることは、動物を殺したことなんだという感覚はほとんどなくなっています。排泄とか食という、いのちの一番基本的な過程が僕らの知覚領域から外されて、イメージになってきてしまっている。

最相　私は一九六三年生まれですが、私ぐらいの世代でもそういう経験がない人間になってしまっています。悲しいことですが、今さら土の道路を歩くことはできないし、家で子供を産むのもむずかしい。そういう前提から考え始めないといけないという不自由がある。極端にいえば、では、どうしたらいいのでしょうかというところなのです。

この二十年で、遺伝子組換えも体外受精も始まりました。同じ科学者でも、大学で隣の研究室に行くと何をやっているかわからないというほど細分化がされていて、情報と知識がなければ隣の人とも話せないということになってしまっている。大学の話に限らないんですが、哲学不在のまま知識と情報によって成り立っているがために、本来だったらわかりきっていたはずのこと、いのちは大切にしなくてはいけないというようなことでも、意識して言葉にしていかなければならなくなっている。だれが苦しんだのだろう、だれが喜びに打ち震えたのだろう、などと想像するのは努力が必要ですししんどいですからなかなかできない。やらなくなる。他者の痛みもわからなくなる。それが今だなと思います。

鷲田　僕らが全員アンドロイドになれれば、別に教育なんか必要ないんです。でも、僕ら生き物でしょう。その前提だけは、どうしても外せないわけですよね。ところが、生き物としての自分に関わる過程が知覚不能になっている。近代社会では、医療も教育も食品産業もそうですが、システムに媒介されないと自分のいのちにも関われなくなっている。その問題が露呈したのが阪神淡路大震災。どこの水だったら飲んでいいかとか、火をどうしておこすのかという最低限の判断力さえない。痛みもからだの判断力ですよね。痛みが信号を出してくれてストップをかける。でも、そういう基礎的能力すら危ない。摂食障害なんか象徴的で、一番ベーシックな生理機能ですら破綻しかけている。いのちについての判断力はもう臨界点に来ている。そういう時代に、僕らはいるんです。

なぜそんなに死を恐れるのか

最相　こんな報道がありました。ロサンゼルス在住の女性が交通事故で夫を失って、その夫の精子を凍結保存した。その後、自分の卵子と体外受精させて子宮に戻し、男の子が生まれたと。同じようなケースが日本でもありました。夫ががんで亡くなり、夫の同意の上で受精卵を凍結して保存していた。それで将来出産したいと。何がいいたいかというと、自分の目の前の死を受け入れられなくなっているのではないか、技術が現れたことによって、そんな感情が無理に引き出されてしまうのではないかと思ったのです。ペットのクローンからお話をうかがったのも、愛するものの死を受け入れられなくなっている社会になっているのではないかという予感があったからなんです。

鷲田　今のお話をうかがって、ああ、そういうことなのか、と思いました。そもそも生きるということは、本来自分ではどうしようもないもの、操作もできないしコントロールもできないものにぶつかって格闘して、多くの場合断念して、もう、これはどうしようもないわと、それが生きることのリアリティーだと思うんです。子供を育てると一番よくわかるんだけど、こっちが思うようにしようと思っても絶対だめ。期待が過剰だから裏切りも過剰になる。だから、リアルって何かというと、自分の周りのものは思いどおりにならないということを思い知らされる経験だと思うのです。夫婦だってそうだね。愛し合って生きようと思ったのに、どうしてここまで一言一言がぎりぎり気に障るんだか（笑）。

最相　ええ、おっしゃるとおり（笑）。

鷲田　死を恐れるというのは、人間にとって一番どうしようもないものだからです。抵抗の最たるもので、自分の意思ではどうしようもない。ふだんの生活は、便利で快適なものを発明することが豊かさであり、社会の進化であると考えられてきましたよね。空気だって思いどおりの温度にできる。食べ物も苦労しなくても手に入る。あの人に会いたいと思ったらテレビ電話で会えるしね。震災のときなんかにふっと露出するのだけど、一応ふだんの生活の中では、コントロールできないものがだんだん見えなくなってきた。一見ないかのように。それが、僕らの生きている実感ということを逆に削《そ》いでしまった。だから、細かい日常を飛び越えていきなり死が一番リアルに見えてくるんじゃないですか。

最相　なるほど……。

鷲田　だから死を過剰に不安に思うし、それから、「私」ということ、自分って何なのかということを特に若い人が、そこまでヒリヒリしなくていいのにと思うぐらい……。

最相　自分探しをしてますね。

鷲田　そう。絶えずだれかとつながっていないと不安だとか、他人との間にすき間ができるというのが怖いとか。距離感のとれなさというのも、抵抗があたかもないように見えてきたから、ちょっとでも抵抗があるとすごく恐ろしく感じてしまう。

最相　個人的な話で恐縮ですけど、夫が先に死んでほしくないというようなことって思うわけです。夫は夫で、妻に先に死なれたら困ると思っているわけですが。でも、たいてい男の人の方が、自分が先に死ぬと思っていて。

鷲田　あ、僕もそう（笑）。

最相　勝手なものだと思うのですけれどもね（笑）。自分は世話される側だと思っていますから。そういうことを夫婦で話していていわれたのが、「あなた、自分が悲しいから自分のほうが先に死にたいと思ってない？」と。つまり、私が自分勝手だから相手の死を認めたくないのだというふうにいわれて、ああ、そうかなと。死を極端に恐れたり抵抗したりということは自己中心的であることの表れなのかと思うようになりました。

「非常に親密な他者」という意味で使う「シグニフィカント・アザー」という言葉がありますね。私はあの言葉が「パートナー」という言葉よりも好きなんですけど、親密な他者を持ったときに初めて死に向き合うことがものすごい恐怖になると思うんです。そういう他者がいない場合との落差は激しい。その不安を乗り越えるには自分自身を鍛える必要があるけど、今はそれがとてもむずかしくなってきているのかなという気がします。

鷲田　だから、クローン猫なんかいらないんです。クローン猫というのは「シグニフィカント・ビーイング」。パーソンでも、アザーでもない。人間の環境の中に引きずり込まれるわけで、他者性というのは一切抹消されているでしょう。ペットって、都市生活に似て、他者性を欠いた自分の安心できる環境の一つにされているのではないかと思いますね。

苦々しい思いで、「痛いな」っていいながら考える生命倫理

最相　国の生命倫理の審議ではクローン技術を人の胚に利用することの是非を検討されているわけですが、鷲田さんのような方があの場で意見を述べられることは大切だと思います。

鷲田　専門的な知識と技能を知っていないと知覚不可能になってしまっているものについて、僕らがどういう倫理を持ち得るかを考えるのはむずかしいことだと思いますね、やっぱり。モデルになるものは何もない。だから、ここでは、専門の科学者のための倫理を議論したらいいと思うのです。中絶や看取り方の問題、どういう形で亡くなるのが一番望ましいかとかね、そういうことを考えるのが本来の生命倫理。だけど、この委員会は僕の考えとは違うかな。本当に大事なこととの議論にかかわっているという感じはしない。

最相　私も傍聴しながら感じることですね。私たちの生活感覚からすると、なんて遠いことをやってるんだと。クローンって、生命科学がはらんでいる深刻な問題から私たちの関心をそらす目的で利用された幻想だったのではないでしょうか。ただ現実に、「クローン人間をつくる」と宣言している人がいるから委員会が設置された事情はわかりますが、それでも、生まれるわけはないとどこかで信じているところがあります。ですから、もっと心して見ていかなければならないことが生命科学にはいっぱいあるんだと気づいたところで初めて、クローン人間

も見ることができるのではないかという気がします。

鷲田　人間が生きる意味というのは、偶然をどういうふうに意味のあるものに変えていくかということです。僕が両親のもとに生まれたのも偶然だし、この時代に生まれているのも偶然。僕に責任や原因があるわけではない。

最相　クローン人間は、偶然をあらかじめ否定する。

鷲田　そう。デザインされたもの、構想されたもの、予定されたもの。もちろん、生まれ落ちたら、その子にとってそれは偶然だから、普通の人と同じようにいろいろな人と出会いやっていくのだと思います。

僕らが子供のときに一番気になるのは、だれの子かということと、自分は男か女かということ。この二つが、僕らのアイデンティティのかなり根っこのところにある。それを間違うと大変なことになる。間違ったと思う人もいるわけで、性転換する人はそうだろうし、自分がこの親の子でなかったということが想像を絶するようなダメージになる場合もある。でもそれだって偶然です。

最相　生物学者の勝木元也先生が、生命体は遺伝子を見れば同じものは一つとしてないと発言されたとき、ご意見をおっしゃいましたね。

鷲田　うん、偶然というのは遺伝子配列の偶然ではなくて、だれの間に生まれたかとか、だれと会ってかかわったとかという、その出会いの偶然が人間をつくると思うのです。ところがクローンの場合、偶然が最初から消去されている。自分はだれかと問うときにだれとだれの子としての自分を描けないことは、ものすごく大きい意味を持っています。その人の、自分でも意識していない自己像の中に、これまでと違う構造が出てくるはずです。

最相　総合科学技術会議には、「科学技術の推進」という前提がありますから、いったん議論の俎上に載せた技術を推進しないと判断するのは非常にむずかしい。

鷲田　バイオテクノロジーにしても先端医療にしても、文化の問題ですから選択肢はいっぱいあるわけで、僕らは全部ストップしたってかまわないと思う。結論が出るまで十年かかるか二十年か、それも一つの選択肢だと思っているので、他の国に対してそういう文化の品位の表し方というのもあり得るということです。不戦をうたった憲法が一つの品位であったのと同じような意味でそういうこともあり得ると。形骸化していてもね。でも僕の場合、そこまでいかないのは、果たしてこれは医師や生理学者、哲学研究者や宗教家、そういう人たちが集まって議論すべきことなのだろうかという思いがあるのです。

最相　ええ、そうですね。

鷲田　日本語でいいなと思っていることがあって、英語のbe動詞を日本語では二つにいい分けているでしょう。「ある」と「いる」って。ゲジゲジだってアブラ虫だって「いる」。ばい菌だって「いる」というでしょう。どんなに害悪があっても、生きているものには「いる」という。どんなに大事でも、お金は「いる」といわない。必要だったら「要る」けどね。僕らはそういう言葉を大切にしてきた。それは今の子だって間違わない。それぐらい生きているものといのちのないものの区別は、僕らにとって本質的なことです。これは、一つの生命倫理だと思う。僕たちは、そういう判断をしてきたということです。

問題は、これまで僕たちが見たり触れたり体感してきた倫理が今は成り立たないようなところに来ているということ。知らないことについては判断できないしむずかしいけど、とにかく論議して論議して、ということしかないのではないですか。その中でみんなが一番納得できるものを探すというふうに考えていくしか方法がない。遅い、といわれれば、はい、遅いです。でも、それしかない。

最相　二〇〇一年に生命科学技術のホームページをつくったんです。情報発信もしますが、皆さんの考え方を紹介したり質問を受け付けて、それにみんなが回答をひっつけていくというコーナーが中心です。先日は京都の女子高生から、「ES細胞ってパーキンソン病が治るとか、すごく有効だっていうニュースを読んで、わあ、これはすごいと思いましたけど、受精卵からとると知ってそう簡単に喜んでいられないのかなと思ったのですが、倫理的に許されるのでしょうか」という質問が来て、結構悩みました。でも、そういう問いが届いたということはよかったなと思うんです。

鷲田　学校の授業でもいのちの話をすべきだと思うし、小さいころから、こんな考え方もあるよ、こんな技術もあって、そうするとこんな考え方も出てくるよ、なんてことをディスカッションすべきだと思う。あと、コンセンサス会議っていうのもありますね。

最相　テクノロジー・アセスメントの方式ですね。遺伝子治療や遺伝子組換え食品などのテーマを決めて、市民パネルが専門家パネルに質疑応答を行う。その合意を市民パネルの提言というかたちで公表しています。

鷲田　日本でも開催されましたけど、ああいう形でやると、科学者も、新しく発見することがあるし、合意事項を施策の基本的考え方として政府が取り入れるというような制度も生命倫理に関してはとても重要だと思う。

最相　おそらく、絶対的な方法はないんでしょうね。そういういろいろな試みが少しずつ起こって、何となくもやもやとした層が広がっていくのがいいんではないか。

鷲田　そう、もやもやが大事なの。生命倫理というと、すぐに法的な手続き問題になっちゃって、ガイドラインで、ここからは操作的な介入はいいのだというようなことを決めることになってしまっている。そうすると、それまでは自分の中で「ああ、悪いことをしているなあ」ともやもやしながら技術の開発をやっていた人たちの中からもやもやが消えて、「ああ、ここからはやっていいのだ」ということになってしまって、自分の中にある負い目とか責め、「こんなことをしていていいのだろうか」という迷いが全部脱落する。

最相　そこから思考が停止してしまう。

鷲田　うん。僕ね、生命倫理って、苦々しい思いで、痛いなといいながら考えるものだと思うんです。生きることには殺すことが必ず含まれているわけだから、そういうこと抜きに生命倫理を語ってもだめだと。こんなことしていいのか、申しわけないとかいろいろな思いがあって、みんなの血肉となった倫理になり、習俗になってやってきたのだから。

大切なのは、それぞれの文化が育んできた死や誕生の文化を、過去のものと思わないでほしいということです。自分の生命の根源まで操作可能になる領域が出てきたわけですから、今度は自分たちが一生懸命、想像力をたくましくして技術に追いつくような倫理を血肉化させないといけない。そのとき一番学ぶべきものは、まだそういうものがなかった時代に、人々がどんなふうに死や生をとらえ、どういうふうに償いをしてきたかという、その総体だと思う。頭の中でつくられた倫理より、そのほうがはるかに得るものは多いはずです。

鷲田さんは対談当時、生命倫理を議論する最高機関である総合科学技術会議生命倫理専門調査会の委員だった。ご発言は少ない。だが、鷲田さんが手を挙げると、場がしんとした。受精卵の取り扱いについて議論されていたときもそうだ。「人はいつの時点から絶対に侵してはならない存在になるか」を問う世論調査を行うことが決まったとき、それまで黙っていた鷲田さんはこういった。

「どこから人になるかということを考えるということは、すでにそこにある恣意性ということを認めているわけです。こういうことを恣意的に決めてよいのかどうかという問題。決めたとしても、それで済むのだろうかという、揺れ動く気持ちがこの問いのなかには含まれているはずだと思います」

いのちがわかりやすく説明されることへの懐疑、本来引けるはずのないところに線を引くことへの違和感。そして、そこから引き起こされる問題への想像力をもつこと。

あいまいさを抱えたまま、遅々と、しかし、道は探す。それは勇気ある選択肢のひとつなのだということを鷲田さんに教えられた気がする。

第2章

宇宙のなかの人間

――柳澤桂子との対話――

「子供にとって自分のルーツってほんとうに大事です。これは自我の形成と深い関係があると思います」

「遺伝子の働きはみなさんが思うよりもっと強いんです。六十年以上生きていろんな家族を見てきますと、ああ、あの遺伝子はあんなふうに出てきたんだ、とわかるのです」

（柳澤桂子の言葉）

柳澤桂子さんは生命科学者である。専門は発生学、遺伝学。ワトソンとクリックがDNAの二重らせん構造の仮説を発表後、相次ぐ分子生物学上の発見にわく一九六〇年代をコロンビア大学動物学研究室で過ごした。帰国後は慶應義塾大学医学部、そして、三菱化成生命科学研究所でマウスの発生を研究する。しかし、七八年に原因不明の病に倒れ、四十五歳で研究所を退所。闘病生活を続けながら、執筆活動をされている。

柳澤さんの代表作に、生命科学者になるまでの半生を綴った『二重らせんの私』がある。そのなかで柳澤さんは、DNAという、生命が誕生して以来書き継がれている「地球上最古にして最新の古文書」がヒトゲノム解読計画によって読み解かれようとしていることについて、その芸術的価値や実用面を評価しつつも、そこには「われわれはどこへいくのか」「人間はいかにあるべきか」という人間存在の意味は何も記されていない、と書いている。そして、次のように続く。

〈目先の欲に振り回されて、人間たちが自己を見失ったとき、私たちは取り返しのつかない失敗をおかすであろう。今こそ、宇宙スケールで人間存在の意味を真摯に問いなおさなければな

らない〉

　地球に生命が誕生したのは三十八億年前にさかのぼる。海に漂うＡ、Ｔ、Ｇ、Ｃという四種類の塩基が、分かれたりつながったりしながらＤＮＡとなり、油の膜に包まれて細胞となり、バクテリアが生まれ、長い進化の歴史をたどって私たち人間が今、ある。人間もまたこの地球で育まれたいのちのひとつだ。柳澤さんの著書を読み進めるうちに、宇宙のなかの人間という視点、柳澤さんのいう「宇宙スケール」が、生命に関わる科学技術を考えるときに大変重要な立脚点になると思えた。人工授精や体外受精など、人間の誕生にかかわる技術について柳澤さんにお話をうかがいたいと思ったのもそのためである。

私のパパとママはだれですか

最相　柳澤さんは、これまで一貫して科学技術と人間の関係についての本を書き続けておられますが、そういったことを言葉にしていかなくてはならないとお考えになったきっかけは何だったんでしょうか。

柳澤　やはり、放射能ですね。一番怖いです。原子力発電はいまだに放射性物質の処理方法がわかっていません。それなのに、ぜいたくにエネルギーを使ってゴミを蓄積して、後世の人々に押しつけています。放射能はＤＮＡを傷つける非常に恐ろしいもの。これを考えなくてはならないということが、一番の理由でした。そして、もうひとつのきっかけがＡＩＤ（Artificial Insemination by Donor）、第三者の精子による人工授精です。ＡＩＤのことを耳にしたのは、慶應大学医学部に助手として就職した六三年、二十五歳のときでした。私はあまり怒るほうではないんですが、この実態を知ったときは本当に頭から火が出るほど腹が立ちましたね。

最相　近くにおられたんですね。日本で最初にＡＩＤが行われたのが慶應義塾大学病院です。一九四八年に産婦人科の安藤畫一教授のもとで、男性の不妊を原因とする夫婦に実施されました。慶應だけで一万人以上、全国で約三万人が誕生したといわれてますね。

柳澤　精子のドナーは医学部の学生ですが、だれのものなのかわからないのです。

最相　ええ、私もそれを知ったときは愕然としました。どんなふうに実施されているのか調べてみたんですが、ＡＩＤを希望する夫婦は医師から説明を受けたあと、生まれた子供は嫡出子として育てると約束する同意書を提出するんですね。精子ドナーは医学部の学生で、性病、肝炎、血液型、精液の検査を事前に受ける。さらに、本人と二親等以内に遺伝性疾患のないことを確認した後でやはりこちらも同意書を提出する。ドナーの記録は保存していますが、だれがどの夫婦に精子を提供したかは明らかにされなくて、子供のほうも生物学的な父親を知ることはできないことになっていますね。

柳澤　私がまず一番に考えたのが、お父さんのことでした。子供が成長するにしたがって、まったくちがう人の遺伝的な特徴が次々と現れてくる。それをお父さんがどう受け止めるだろうか、ものすごくつらいだろうと思ったんです。子供も生物学上のお父さんが誰なのかがわからない。……私、小さいころ思ったんです。自分はほんとうにこの家の子供だろうかって。ありませんでした？

最相　自分のことは覚えてないんですが、鷲田清一さんも同じ話をされました。自分がどこの子かということと、男か女かということは、子供が成長する過程で向き合う非常に重要なアイデンティティの問題だと。

柳澤　そうなんです。子供にとって自分のルーツってほんとうに大事です。病死や離婚であれば、まだお父さんのイメージはわきますが、精子だけだと男性のイメージがわかないんです。これは自我の形成と深い関係があると思います。そういうことはＡＩＤが始まった一九四八年からまったく議論されなかった。追跡調査もない。要するに、生まれればよいということなんです。医学部生だから非常に人気があったとも聞いています。

最相　優秀な子供になる可能性があるからでしょうか？

柳澤　それが母親の気持ちなんでしょうね。お父さんはそうではないと思いますが。

最相　ＡＩＤは、戦時中に兵隊にとられた男性の多くが、精神的な理由で不妊になった、その人口対策として始められたそうですね。

柳澤　ええ、当初は非常事態だったんです。それが、今もまだ続いている。ドナーの情報は登録すべきだと思いますし、子供が二十歳を過ぎたらちゃんと本当のことを伝えて本人が望めばドナーになった父親に会わすべきだと思いますね。そんなことしたらドナーが激減するという関係者がいますが、それでできなくなったらしかたがない。

最相　ただ、ドナーの情報を知らせることは、ドナー側とＡＩＤを受けた側、双方の家族関係を崩壊させるという意見もあります。

柳澤　だから時間をかけたカウンセリングが必要なんです。夫婦はまだ若いですし、子供を育てた経験もないですからわからないと思うんです。子供のしぐさ、顔の特徴ひとつとっても、ああ、お父さんに似てる、お母さんに似てる、という会話は日常的に行われるわけです。それがいえないお父さんの苦しみは大変なものだと思います。ドナーを会わせるときのこと、そのときの家族関係をどうするかということまで夫婦がきちっと了解してからでないと、悲劇は訪れると思います。

最相　不妊治療の患者さんを取材したときにみなさんがおっしゃったのは、技術があるから手が伸びるのだということです。

柳澤　ええ、そのとおりです。

最相　クローン技術だって、そこまでして子供が欲しいなんてこれまで思ってもみなかったと。ですから、クローン技術が人間に利用されていない段階で、生殖技術を根本から見直すことは必要だと思います。非常に勇気のいることではありますが、ドナー経験者や、生まれた子供たち当事者にはもっと声をあげてほしいと思います。こちらが想像するような否定的な意見が出るとは限りませんし。

柳澤　ＮＨＫの番組で精子ドナーになっているアメリカ人男性のインタビューを見たんですが、自分の遺伝子を半分もった子供が世の中にたくさんいることを誇らしげに語るんですね。あれには驚きましたね。

最相　ええ、その番組は私も見ました。自分は人気があるんだと嬉しそうでしたね。

柳澤　この話をするとみなさん嫌がるのですが、遺伝子の働きはみなさんが思うよりもっと強いんです。遺伝子がどうあれ環境で変わると考えたい気持ちはわかります。でも、私たち遺伝学者は遺伝子がどれほど強いかを知っています。そのことを講演して歩いていた社会生物学者のエドワード・ウィルソンは、バケツで水をかけられたそうです。それぐらい嫌がられる。

でも、六十年以上生きていろんな家族を見てきますすと、初めて、ああ、あの遺伝子はあんなふうに出てきたんだ、とわかるのです。学生たちは若いからそこまで考えが至らない。割のいいアルバイトぐらいにしか思っていない。とても怖いと思います。

最相　ＡＩＤを否定する考え方には、知らないうちに近親間の結婚出産が行われる可能性があることを指摘するものもありますね。

柳澤　ええ。ドナーの人数が減ると一人の方からたくさんの子供が生まれる可能性がありますからね。その意味でもきっちり情報は登録しておくべきだと思いますね。

最相　それが、ようやく動きがありまして、厚生労働省の厚生科学審議会生殖補助医療部会が、二〇〇二年四月に、子供が将来、生物学上の親を知りたいと請求した場合は提供者を特定できる名前や住所などの個人情報を開示することを認める方向で法制化を進めることで合意しています（二〇〇三年五月に報告書がまとめられた）。卵子提供や代理出産など課題が山積していますので法制化には至っていませんが……。代理出産についてはどのようにお考えですか。母体へのリスクや排卵誘発剤の副作用、人体を商品化していいのかといった問題点が指摘されていますが。

柳澤　まだ誰もいっていないことで、あえて私が申し上げたいのは、子供を産んだ母親の気持ちのことですね。

最相　それは、代理母のほうですか？

柳澤　そうです。女性は子供を産むと、からだは全部母親になりきるんです。おっぱいが張って、子供のことを思うだけでお乳が噴き上げるほど出てきます。生理的に母親になっているときに子供をとられるのは大変傷つきます。

最相　八〇年代に、アメリカでベビーＭ事件がありましたね。代理母が子供を連れ去って、出産を依頼した夫婦に裁判を起こされました。判決は代理母契約が公序良俗に反するとして無効になって、父親は依頼した夫、養育権も依頼した夫婦にあるけれど、母親は代理母で訪問権は認められたという不幸な事件です。人工授精で、卵子も代理母のものだったからよけい感情移入したのでしょうか。

柳澤　代理母がとくに強い気持ちを抱いたケースですね。そこまでいかなくても、むなしさというのでしょうか、本能的なものです。人にそんなリスクを与えてまで子供を得ることがなぜできるのかと思います。

最相　不妊治療がほかの医療と異なるのは、当事者が途中で変わる点ですね。出発地点では夫婦二人だったかもしれないですが、途中から、子供こそ本当の当事者となる。出産はゴールではなく中継点です。これまでの不妊治療は、子供をつくるという一点にとらわれるあまり、子供が育っていく未来への想像力が欠けていたことは認めなければならないように思います。

患者の望みを叶えるのが医師なのか

柳澤　これは、自分の本にもはっきり書いたことなんですけど、非配偶者間体外受精をした長野の根津八紘先生やＡＩＤを推進している元慶應義塾大学の飯塚理八先生はよく、患者の望むことをすべて叶えるのが医師の役目だとおっしゃるんですけど、それは絶対にまちがっていると思います。患者の望むことでもしてはいけないことはたくさんある。それを判断するのが医師ではないでしょうか。

最相　お二人をはじめ不妊治療を積極的に推進する医師らを中心として、妊娠・出産をめぐる自己決定権を支える会というのが組織されていますね。出産に国が介入するのはおかしいと、不妊治療を法規制することにも反対しています。

柳澤　自己決定権はアメリカから入ってきた考え方で、他人からおかされない権利として大事な側面も確かにあります。でも、だからといってなんでも好きなようにしてもいいわけではない。自殺される方を責める気はありませんが、死や子供を産むことは自分勝手に扱ってはいけないものだと思うんです。

一九九九年に私は、点滴で栄養をとる寝たきりの状態になりました。点滴を抜けば私は死ぬわけです。先生は自己決定権を尊重されて、私が望むならいつでも抜くとおっしゃいました。

でも、きっと先生は後味の悪い思いをされるだろうと思って、私は先生の言葉には半信半疑でした。先生が去られたあと、外科医の娘婿から、点滴を抜く先生の気持ちも考えてくださいといわれて、やっぱりそうかと思いました。「私」というものは、ほかの人みんなに入り込んでいるのであって、自分から死ぬといってはいけないのだと。死は自分のものではない。家族のものであり、医師や友人のものであり、社会のものであり、宇宙から与えられたものだと思うのです。子供を産むことも同じで、宇宙から授かるものだという謙虚な気持ちが大事だと思います。

最相　柳澤さんのような「宇宙スケール」の考え方ができたら、欲望や惑いや苦しみから救われる人々が多いのではないかと思います。そのような考え方をなさるようになったのはなぜなんでしょうか。

柳澤　それは、生命科学を学んだからです。進化を勉強しますとね、いのちが自分のものだなんていう考え方は絶対にできなくなりますよ。私たちは両親の生殖細胞から生まれたわけですが、生殖細胞は三十八億年のあいだ、一度も途切れることなく奇跡に奇跡を重ねてDNAをつないできたのです。生殖細胞からできた私たちのからだは、三十八億年の歴史をもっている。そう考えたら、これが自分のものだなんてとてもいえないでしょう。

最相　残念ながら、日本の教育現場では進化はなかなか教えられない。高校の生物の授業を取材したことがありますが、カリキュラムの中で進化を教えるのは困難で、ほかの分野を教えるときにふれる程度です。

柳澤　何を教えられなくても、これだけは教えてほしいですね。人間とは何か。どこから来たのか。植物、動物のいのちとは何か。すると、子供たちの自然を見る目はまったく変わっていくと思います。興味をもてば、知識も正しく入っていきます。私も、できることなら、全国の小学校を回りたいほどです。

最相　ご著書『卵が私になるまで』に興味深い記述があって、ある発見があったときに、これは人間が科学によって明らかにしたことではなく、科学の真実である、とお書きになっていますね。科学が成し遂げたこと、科学的可能というのはよく教えられるし報道もよくされますが、科学がそもそも何であるのか、それはなかなか教えられませんね。

柳澤　そうなんです。わかることを見つけ出して、答えを出していくことはしても、わからないことには目を向けませんからね。教育では、わかったこと以上に、わからないことを教えるのが大事です。たとえば、私たちはまだ、なぜ有性生殖、つまり男と女があるかということもわかっていないんですよ。

最相　それなのに、クローン人間をつくろうとする人がいるわけですね。牛や羊でたくさん生まれてるじゃないかといわれるでしょうが、奇形だったり、内臓や呼吸器の疾患があったり、寿命が短いといわれたり、さまざまな問題点はある。倫理的に否定する考え方もありますが、技術にまず最初にストップをかけられるのは、やはり科学の真実ではないかと思いますね。

柳澤　そうです。ただ、なんとなく嫌、なんか気分が悪い、というような論理的でない反応は大事にしなくちゃいけないと思うんです。理屈がいえればいいかというと、そうではない。なんか変というのは、人類の古いＤＮＡに潜んでいる感情でみんなが受け継いでいるものだと思うんです。だから、世界中の人が嫌だというものは論理が立たなくても尊重しなくちゃいけない。その上で、倫理学者は論理を加え、科学者は科学的に考えて情報を提供する。

最相　クローン羊ドリーを誕生させたイアン・ウィルマット博士は、クローン動物には常になんらかの遺伝子の異常があって、この技術を人間に適用することは危険だとコメントしています。ウィルマットと共同研究者のキース・キャンベルが書いた『第二の創造』でも、この技術は特殊な目的においてのみ用いられるのであって一般化することはありえず、「好ましからざるものにたいして抵抗する力が市民には十分ある」と書いてます。研究者のこのような警告は大きな説得力をもちます。

柳澤　クローンは無性生殖によって生まれるわけですね。通常は、卵と精子が受精すると、父親と母親の染色体が混ざります。そこで多様性が生まれることがひとつ大事なことです。それから、相同染色体と呼んでいるのですが、父親から来た染色体と母親から来た染色体の間でたくさんの組換えが起こります。おそらく、傷ついたＤＮＡを修復してよいものを選んでいるのだと思います。こうしたチェック機構が発達していることは、体細胞の分裂ではわかってきているんですけど、生殖細胞についてはまだ研究が進んでいない。体細胞以上の厳密なチェックが行われていると思います。その第一の証拠が、ほとんどの動植物に有性生殖があるということです。なぜわざわざそんな面倒なことをするのか。たとえば五億個の精子からたった一つ、卵子は五百万個のうち成熟するのは約四百個、実際に出てくるのはもっと少ないですね、十個以下です。それはだめな精子や卵子を排除していることだと思います。妊娠後の流産も排除の機構が働いているからなんです。

最相　無性生殖であることが、柳澤さんがクローンを否定する一番の理由ですね。将来、科学的な問題が解決できたとしていかがでしょう。それでも反対されますか。

柳澤　減数分裂の機構がわかって、なぜ男と女がいるのかがわかって、それでも子供がちゃんと生まれるとわかった段階で、そこでもう一度考えたいと思うのです。今はまだ早すぎる。今、クローン人間をつくることは犯罪だと思います。

やむをえない殺人

最相　体外で受精卵が扱えるようになったことで、新たな医療が生まれようとしていますね。受精卵を用いる再生医療のことなんですが……。

柳澤　ええ。

最相　経緯を申し上げますと、二〇〇一年九月に「ヒトＥＳ細胞の樹立及び使用に関する指針」が施行されて、不要になった凍結受精卵を十分な説明のもと夫婦が同意すれば研究に利用できることになりました。受精卵が分裂して胚盤胞とよばれる段階になったとき、そこから胚性幹細胞（ＥＳ細胞）を取り出して培養すれば、神経細胞や心筋などあらゆる組織や細胞になるといわれていて、移植医療への期待が高まっています。ただこれは、受精卵を途中で破壊しなければなりませんから、受精卵を生命の始まりと考えるキリスト教国を中心に大きな議論が起こっています。アメリカもブッシュ政権になって非常に厳しい規制がかかって、政治問題にも発展しました。一方、日本では、日本カトリック司教協議会や大本教が意見書を提出したほかに大きな抵抗はなくて、旧科学技術会議時代の生命倫理委員会が、受精卵は「生命の萌芽」として尊重しつつも研究は認める報告書を発表しています。

柳澤　私は、人間とは、受精した瞬間から人間だと思っています。区切ることなどできない。どんな小さな胚でも胎児でも、中絶は人を殺すことだと思うのです。殺人という意識は非常に大事で、それは重く受けとめていただきたい。

でも、もし生まれた子供が一度もいいこともなく、苦しい思いをして死んでいくのであれば、やむをえぬ殺人をしてあげてもいいんじゃないかと考えるんです。

最相　やむをえぬ殺人、ですか？

柳澤　ええ。ですから、男だから女だからということで中絶するなんてことは絶対にやってはいけないのです。するとひとつ矛盾にぶつかって、では、ES細胞をつくるために受精卵を壊すことをどう考えるのか。私の考えだと殺人になるわけです。ただ、この場合は受胎してませんので、そのままでは死ぬ運命にある。それを使って人類が救われるなら、それもやむをえない殺人のひとつとしていただけるのではないか。人を殺してはいけないという倫理観をここでは少し動かさなくてはいけないんではないかと思うのです。

最相　そのような考え方は、初めてうかがいました。

柳澤　ええ、一生懸命考えました。私はずっと顕微鏡で見ていましたから、受精卵が人間じゃないなんてとても思えないんです。精子が卵子にすっと入っていくと、遺伝子に次々とチャンネルが入っていくわけですね。その流れをどこかで区切ろうなんてことは人間の勝手な行為であって、絶対にできるものではない。でも、医学が発達すると、やむをえぬ殺人は必要なのではないか。天に許しを乞うといいますか、みんなで一生懸命考えて新たな倫理観をもつようにしなくてはいけないのではないかと思うのです。

最相　それを法律や指針で規制する必要があると思われますか？

柳澤　それは、したほうがいいと思います。どこまで許されるかきちっと決める。そのかわりに生まれてきた命は大事にしなくちゃいけない。終末にまた、やむをえない殺人が現れるんですね。人工呼吸器を止めるか否か、医師も非常につらいそうです。でも、法律があれば少しは気持ちが救われます。

最相　それについては危惧される側面があるようにも思うんです。鷲田さんがおっしゃっていたことなんですが、法律で許されているんだからいいんだとなってしまって、そこに線を引いたことの痛みのようなものが抜け落ちるのではないかと。

柳澤　私たちの知恵は完全ではありませんから、間違いは必ず起こります。でも、力を尽くす。問題が出てきたらできるだけ早く議論して訂正する。試行錯誤を繰り返すことが大事であって、そのうえであれば、将来何かが起こっても子孫は許してくれると思うのです。原子力のように、使うだけ使って私たちが死んだら、子孫はなんていうでしょう。

最相　そうですね。……最後にひとつ、おうかがいしにくいことなんですけど。

柳澤　ええ、ええ。

最相　知り合いの医師が、医学の最終的な目標はみんなが老衰で死んでいくことだといったことがありまして、そのとき、あ、そういうことなのかと目から鱗が落ちたんです。

柳澤　医学では、そう教えますからね。

最相　病はなぜ存在するんだろうと思ったんです。柳澤さんの場合、病が人生で非常に大きな比重を占めていて、だからこそ、生命の根源的な問いをご自身に投げかけておられたのかなと思えるのですが、いかがですか。

柳澤　私自身、そこはわからないんです。私が一番影響を受けたのは、進化論だと思うんですね。それは病気でなくても学べます。それから、マウスを材料に研究していたということもあるでしょう。毎日実験のために殺すわけです。人間はどこまでこういうことをしていいんだろうかと非常に苦しかったんです。台にマウスを運んだら、一瞬で殺すことを心がけました。あっという間に殺すと、膀胱の中におしっこがいっぱい溜まるんです。怖い思いをすると出ちゃいますよね。

最相　たしか、マウスは首をひねるんですね。

柳澤　ええ、頸椎をきゅっとはずすんです。なかには脂肪がついていて、なかなかはずれないのがいる。どうしても苦しみを与えちゃうんです。私は、このマウスはいつかは死ぬんだから今私が苦しみを与えないで殺してもいいんじゃないか、そのかわり大切に細胞を使わせていただきます、一生懸命研究しますといつも考えていたんです。ですから、生命を敬う気持ちというか畏敬の念は、生命科学を学ぶ中で出てきたものですね。

病気になったことで変わったのは、死に自己決定権はないと思うようになったことですね。私ははじめから自己決定権には否定的だったんですが、死ぬ覚悟をして、死がどういうものであるか家族と話し合っている中で、絶対に自分から死ぬなんてことはしてはいけないと思うようになりました。症状は進行してるんですが、今は、意識がなくなってもいいから家族が納得するまで生かせてくださいと本気で思っています。それは私がそこまで経験して初めて得た考えなんですね。意識がないのに人工呼吸器をつけても意味はないとか、医療費の無駄じゃないかと思ったこともありましたが、今は考えが変わりました。

最相　……そうですか。

柳澤　私は、家族を信じようと思います。ですから、恐れも何もないんです。ただひとつ、私の一番大切な仕事は、主人を先に片付けちゃうことだと思ってるんですね（笑）。ですから、なんとかしてこの病気が進まないように生きていきたいと思います。

生命科学をめぐっては、わからないとしか答えようのない問いを投げかけられることが多い。はい、いいえ、のどちらかを答えれば、すぐに矛盾が噴き出て苦い思いをする。だが、柳澤さんのお話をうかがう中で私は、わからないという答えは留保ではなく、確たる意思表明だと思うようになった。わからない、は知らないではない。理解できない、でもない。熟慮の末、結論は出さないという態度だ。あいまいな態度とは異なる。

ただし、わからない、のまま放置されてはならない人たちがいる。わからないとしか答えようのないことを問われるのもそのためだ。生死のはざまで一刻を争う人、生まれる前の人のように、自分は決定に加われないにもかかわらず、その決定に人生が左右される人だ。社会はその人々が不利益をこうむらぬよう、わからない、から一歩踏み出さねばならない。その人々も、そうではない人々も、ほかならぬ未来の「私」のことだからだ。

『すべてのいのちが愛おしい』と題する著書で、柳澤さんは孫の里菜ちゃんに魂のメッセージを送った。最後に紹介したい。

〈里菜ちゃん！　あなたたちは、これからこういう時代に生きていくのです。しっかり生きのびられるだろうか、人間がだんだん減っていくつらさを味わわないですむだろうかとおばあちゃんは心配しています。どうぞ、人間の知恵をよい方に使って、幸せに生きてください。おばあちゃんの心からの願いです〉

第3章

いのちの始まりと宗教の役割
――島薗進との対話――

「国民感情の中に脳死臓器移植を好ましくないとする考え方が出てきたのは、必ずしも宗教界の影響ではないと思うんです」

「生命科学は、世界の富裕地域のゆとりある生活をもっと高めたいというタイプの欲求であって、世界全体でどういう医療が必要かということに関しての配慮が薄くなっている」

（島薗進の言葉）

島薗進さんは近代日本宗教史を専門とする宗教学者である。橋本龍太郎内閣時代に設立された首相の諮問機関・科学技術会議で生命倫理委員会の委員をつとめ、省庁改編後も総合科学技術会議生命倫理専門調査会のメンバーとして、クローン羊ドリーの誕生以降にわかに現実的となった、人間の受精卵や胚の研究利用についての倫理審議に臨んでいる。

私が、島薗さんに初めてお会いしたのは、一九九八年秋。生命操作に関わる問題に対して宗教の果たすべき役割とは何かを取材したときである。そのインタビューで最も印象に残ったのが、生命倫理の議論に必要なのは、宗教以前のもっと基本的な「生活者の視点」だ、という指摘だった。

遺伝子工学の成果がバイオテクノロジーという姿で産業構造に取り込まれた八〇年代以降、市民のまなざしを無視することが決して得策とはならないのは、遺伝子組換え食品やBSE牛、クローン牛食肉化の失敗などで証明済みである。消費者への説明責任や、パブリック・アクセプタンス（社会的認知）といった言葉もこの数年で急速に浸透した。受精卵や胚の研究利用が例外として専門家の手だけに委ねられるとは到底考えにくい。それだけに、人々の生活と文化に根ざした国民的な議論の必要性を説く島薗さんの言葉は、日本国内に留まらない国際的なメッセージにもなりうると思えた。

あれから四年を経て、「生活者の視点」が生かされる方向に事態は進んでいるのか。まずはこの間の経緯からうかがうことにした。

経済利害が受精卵と胚の研究を推進している

最相　島薗さんは、生命倫理委員会では「抵抗勢力」（笑）といいますか、徹底して科学技術に対して慎重な意見を述べておられますね。そのためしばしば推進的な考えをもつ科学者や医師の委員と鋭く対立するのですが、島薗さんのお考えを情緒的などといって切り捨てることができないのは、そこに「生活者の視点」という強い裏打ちをお持ちだからだと感ずるんです。今日は、そこをとくにおうかがいしたいと思っています。

島薗　はい、どうぞ（笑）。

最相　島薗さんが生命倫理の問題にご関心をもつようになったのは、生命倫理委員会のメンバーになられたことがきっかけですか。

島薗　そうですね。ただ、それまでそういう問題に関心がなかったわけではなくて、死生観というのは宗教学のかなり重要な問題で、脳死臓器移植のときには多くの宗教団体が議論をしておりましたので、そこに加わるというようなこともありました。最初のころはそれほどはっきりとした考えはなかったんですけれども、勉強を進めていくうちに、やはり脳死を人の死とすることは何かおかしいなというふうに感じるようになっておりましたね。

他方で、脳死に反対する議論、たとえば梅原猛先生などには、日本の宗教についてやや強引な議論があるんじゃないかと思って、それに対しては批判的に思いながら、立場上は、授業で話すときも、脳死臓器移植には素直には賛成できないんだけれども、それを日本のプライドに結びつけるような議論はあまり素敵ではないというようなことを考えておりました。

クローン問題に取り組んだときは、ほとんど先入観なく臨んだので、四年前の最相さんの取材でいろいろ質問されたときは困ったなと思いながら……。

最相　申し訳ありませんでした（笑）。

島薗　いえいえ（笑）。しかし、これはどうも、経済利害とのかかわりで医学研究が好ましくない方向に進んでいるのではないかと強く感じるようにだんだんなりまして、次第に慎重論の方に傾いていったんですね。とりわけ、総合科学技術会議になってからは推進の方向に傾く気配が強まってきて、議論が十分になされていないなということを強く感じるようになってきました。

最相　脳死臓器移植とクローン問題では、また別の構造が見えたということでしょうか。

島薗　そうですね。脳死臓器移植というのは、それほど巨大な経済効果は見込めない領域だろうと思います。日本で反対論が強かったのもそのためで、もし経済効果が視野に入っていると、あれほど強い反対論は起こらなかったんじゃないかと想像しております。

最相　経済効果が明確であれば、脳死臓器移植ももっと推進する力が大きかったということですか。

島薗　そうですね。患者さんたち以外の推進力がどこから来るかということが重要じゃないかと思います。

最相　今回の、胚を含む人体組織の利用は、脳死の場合とは違って、患者さんからの要望だけではないものが背後にあると考えていらっしゃるんですね。

島薗　そう感じておりますね。

最相　具体的には、国家間、企業間の経済競争ということでしょうか。

島薗　そうですね。人間が生まれるときの一番元のところを研究に使って、将来は臨床に使うことが大変有望な経済事業であるということがわかってきたのは、ドリーが生まれて二年ぐらいしてからでしょうか。

最相　ええ、そうです。九八年十一月に人の受精卵から胚性幹細胞（ES細胞）がウィスコンシン大学で樹立されて、ベンチャー企業が研究資金を提供していたことが話題になりました。

島薗　クローン技術とES細胞をつくる技術が結びつけば、その人の遺伝子に合致した臓器などをつくれるという、まさに再生医療の夢が急激に広がった。審議に参加しながらも、ある種の熱い風が吹いているなということを感じましたね。

生命科学に必要な「生活者の視点」とは

最相　宗教がこれまで先端医療技術にどのような態度をとってきたのかを教えていただきたいのですが、特に受精の瞬間を命の始まりと考えるキリスト教は、その神学的理念を政策にまで投影させようという政治力をもっていますね。

島薗　キリスト教の中で一番声の大きい、しっかりとした議論を立てているのはカトリック教会です。プロテスタントの場合、保守派はカトリックにかなり近い立場をもっているけれど、リベラル派になるともう少し科学の進歩に対して好意的な体質がある。

ただ、キリスト教の議論は、一九七〇年前後から大変な政治問題になっている妊娠中絶にどういう答えを持ったかということに相当引っ張られているという感じがするんですね。そこで行われた議論の中の、女性の社会的地位や家族のあり方についての価値観が、そのまま現在の受精卵や胚操作の問題に持ち込まれたふしがないでもない。ただ、そこで持ち出された、胎児や胚の命にどう向き合わなくてはならないかという議論には、非常に重要なものが入っていると思います。

最相　これは時間をかけて検証しなければならないことだと思いますが、日本では、妊娠中絶は頻繁に行われているのに、そのような命の始まりに関する議論は起こりませんでしたね。

島薗　そうなんです。日本では、欧米と同じような議論は起こらず、どういうわけか脳死に大きな関心が集まった。宗教界では、霊魂が人間の命の根本を成すと考える神道系が、脳死の人から臓器をとりだすのは、まだ人間の中に宿っている霊魂を痛めつけるものだと反対しましたが、仏教では霊魂という考え方を必ずしもしないために、意見が大きく割れました。ですから、国民感情の中に脳死臓器移植を好ましくないとする考え方が出てきたのは、必ずしも宗教界の影響ではないと思うんですね。宗教は、確かに命が脅かされるということに対して非常に鋭敏ではあるんですけれども、必ずしも宗教が中心になって大事な問題の争点をつくっていくとは限らないような気がしております。

たとえば、アメリカ人の研究にあるのですが、環境問題に対して、キリスト教保守派の反応は非常に鈍い。世の終わりが来るというふうな観念を持っている人たちも多いわけで、百年先に環境がどうなっても、その前に世の終わりは来ているからかまわないということです。人口問題に対しても、非常に保守的な立場をとるということは地球環境に対して意識が弱いということと関わりがあります。

最相 それは興味深いですね。宗教は命に対して一面では鋭敏だけれど、また他の面では鋭敏でないということですね。そのことを私たちはオウム真理教事件で強く感じましたけど。いつでしたか、委員会が終了した後で、島薗さんが、「宗教というのは、ある教義に基づけば、それ以上は考えなくてもいい。考えても答えの出ないことは考えずに、もっとほかのことに時間を使えるという、そういうメリットもあるんですよ」とおっしゃって、ああ、なるほどなと思いました。

島薗 私の理解しているところでは、宗教というのは、こういう生き方をすれば人間が意味のある生き方ができるという、そういう形を示しているものなんです。それを一人一人がいろいろな場所に行って受けとめて、自分なりに創造的に適用していく。それが好ましい宗教のあり方ではないだろうかと思うんですね。その意味では、一つの宗教の枠があるとしても、その中で人が生きている姿は千差万別で、時には激しく対立する、それが自然ではないかと思っています。

そういうことからいうと、今の日本の仏教のように、いろいろな意見があるのは自然だし、仏教は生命倫理に創造的な対応ができていないと考えるのは間違っていると思います。脳死問題について、日本の対応がよい面を持っていたと思うのは、とにかくいろいろな意見が出て、百家争鳴というか、自分のいる場所から考えてみたらこうなったという、深く考えたというものがいくつもあって、そこから反響し合いながら世論が高まったことです。

最相　お話をうかがっていると、宗教は何らかの警告を発したり争点を提供したりするものではなく、その知恵を借りて議論を深めていくもの、その手立てとして非常に重要なきっかけになりうることを強く感じます。それで、冒頭のお話に戻ると、それ以上に大事なのは、宗教以前の「生活者の視点」であるということですね。それは、ずばりどういうことなのでしょう。

島薗　宗教と宗教でないものを区別するのはとてもむずかしいのですが、……私、よくこういう話をするんです。床に本が置いてあるとしますね。それを平気で踏む人もいるかもしれませんが、私はちょっと躊躇します。

最相　踏んだら、罰が当たります（笑）。

島薗　ええ。ということは、本の中に何か心がこもっているというか、人に当たるものがあるというか、命があるということでしょうね。そういう感覚は宗教とどこか繋がるんじゃないだろうか。

最相　なるほど、そうですね。

島薗　御飯の前に手を合わせたりとか、もったいないというような気持ちを持ったり、もそうですね。
そうしますと、人と人の交わり、あるいは人と自然とのかかわりの中に、生活をしていく上で利益があるかどうかとか、快、不快でいえば、快の多い生活をしたいといったこととは違う次元のものが常にあるということです。そして、そういうものは宗教といわれているものと繋がっている。単なる合理性では割り切れないようなものは我々の生活の中にたくさんあると思うんですね。

最相 なるほど。

島薗 そういう意味の宗教性というのは文学作品によくあらわれていて、芭蕉の俳句や『源氏物語』を読むと、もののあわれの世界、生き死にということについて深く感じるところがありますよね。生命倫理を考えるときには、実はそういうレベルの議論を取り入れていくことが望ましいんじゃないかと思っているんです。死生観というと宗教と関係があるように皆さん思われますが、そうではない「宗教性」というものを生命倫理の議論に取り込めれば、と。私が申し上げた「生活感覚」というのはそういうことです。生命倫理はそんな議論ができる性格の問題だと思うのです。

最相 そういう議論ができれば本当に望ましいと思います。でも、自己決定権を主張して、欲望を満たすために可能な限りの技術の恩恵を受けようとする人々や、一部のカルトのように、はなから共同体の中に閉ざして、外部と理解し合おうというような態度を示さない、渡り合う気持ちのない人たちというのがいるわけですね。社会は、そういう人々を内に抱えつつ、一方で互いの知恵を出し合い、生活感覚を尊重し合うという生き方も同時にしていかなくてはいけない。そこで、手遅れにならないように、大きな間違いを犯さないようにするための手立ては探せるものなのでしょうか。

島薗　生活感覚というものが人類共通だと考えない方がいいと思うんですよ。さっきの本の話も、ある国へ行ったら、本を踏むことはまったく意に介さなくて、私たちを偶像崇拝的だと批判するかもしれない。百パーセント意見が一致することはあり得ないし、大多数というのもあり得ないかもしれない。しかし、共同で決めなければならないことが出てきた場合、ある程度の多数を結集できるような説得力ある議論が出てくれれば、共同理解にたどり着けることもあるのではないでしょうか。

宗教集団の主張や自己決定主義、あるいは科学万能主義など、いろいろとんがった議論もあると思うんですけれども、そういうものがなぜそんな議論をしているのかを理解して、より納得できるようにするにはどういう修正が必要かをひとつひとつ討議していく。そういうことが必要なんじゃないかと思いますね。

国際的なコンセンサスと宗教の役割

最相　『人間の終わり』という本でバイオテクノロジーの問題点を警告したアメリカの政治学者フランシス・フクヤマが、読売新聞（二〇〇二年六月十日付朝刊）に書いた記事がとても印象に残っておりまして、こんな内容でした。世界で初めて人間のクローン胚を樹立したのはアメリカのバイオベンチャー企業のアドバンスト・セル・テクノロジー社ですが、それより前に、中国の研究者がクローン胚を樹立していたらしい、もしこれが事実なら大変なことだと。

科学は、科学的に権威のある雑誌に投稿して、初めてその研究が科学界で認められるというならわしがありますね。でも、そういう国際的なルールを意識しないところで、経済的なものや名声だけを優先する国があって、一方で、ルールや倫理的な配慮をすることが国益を損なうような状況があらわれてきていると。生殖に対する倫理意識が高くない中国や韓国などアジア諸国のように、コンセンサスがなくても、一部の人の理解さえあれば進められる国において極端なかたちで出てくるだろうと。今までもさまざまな文化的背景が国際政治にあらゆる特色を与えてきましたけど、二十一世紀にはバイオテクノロジーにおいてこれが顕著になるだろうと、そんな文章でした。もう、どうしたらいいんでしょうか、というしかない（笑）。

島薗　なるほど。だれが見ても由々しい事態になっているので、何か手立てを講じなければならないということは明らかだと思いますね。これは国益と同時に、経済、そして科学の、ある極端なタイプの自由主義を見直さなければならないということがベースにあると思います。

ところが、その極端な自由主義の思想的なリーダーがアメリカ合衆国という覇権国家であって、そこがそういうイデオロギーを持っているので、みんななかなか物がいえないというか、いっても聞いてもらえないという状況になっていると思います。アメリカでも、それではまずいという議論を巻き起こすように我々も働きかけなければいけないし、他の諸国に対しても、そういう国際的な規制というものが、バイオテクノロジーの経済活動にはどうしても必要なんだという国際世論を醸成するような機運をつくっていくべきだろうと思います。

最相　島薗さんは、国際的な協調をとるためには、アメリカがやはり主導権をとっていくべきだとお書きになっていらっしゃいますね。それはなぜですか。

島薗　というのは、皆さん、アメリカって何でもありだと思ってますよね。でも、そのアメリカがクローンや胚の研究に関しては、キリスト教の反対にあって、議会で大きな議論を巻き起こしている。これは科学に関してアメリカの姿勢が大きく転換する、少なくとも今までなかったような姿勢をとらざるを得ないしるしなのかもしれないと、そういうふうにちょっと感じたわけです。

最相　アメリカで、胚の研究利用に対して強硬に反対する人々が議会で声を大きくしている背景には、ブッシュ政権の政治基盤にキリスト教保守派の強力なバックアップがあるからだと思うんですけれども。

島薗　もちろん、そこはよく見極めておかなければならないと思います。でも、こういうこともあるんです。今、アメリカでは、カトリック教会の人口がどんどん増えてます。もともとアメリカはプロテスタントの国ですが、後発の移民はカトリックが多い。社会では差別される側でしたが、最近はメキシコを中心とした中南米からの移民が増えたため、次第にカトリック教会の勢力は増しております。そのカトリック教会はプロテスタントと比べて、世界の貧困層の意見を吸収しやすい構造になっている。聖職者も、発展途上国から出た人が次第に多くなっている傾向があるんです。

最相　なるほど、それは興味深い状況です。

島薗　私が抱いている懸念のひとつは、生命科学は、世界の富裕地域のゆとりある生活をもっと高めたいというタイプの欲求であって、世界全体でどういう医療が必要かということに関しての配慮が薄くなっていることです。

象徴的だったのが、最相さんも取材された九八年の国際生命倫理サミットです。ヨーロッパの国やアメリカの議論の中心はクローン問題でしたが、インドやカトリック教国の会合では非常に違うタイプの議論を行っている。今、発展途上国で必要な医療は何だろうかという、そういう問いかけをしている。カトリック教会には、妊娠中絶の議論を引きずった、ある種の反動的なモチベーションというのが入っているかもしれないけれども、それでも、世界の貧困層の利益を代表したいという傾向もあると思うんですね。そういうところから見て、今の医療の発展は何かおかしいぞというか、そんな感覚が反映している可能性もあると思います。

最相　アメリカのキリスト教の動きも、たんに政治的な運動と見るべきではないということですね。

島薗　ええ。西欧諸国はどうしても、近代文明を先導してきたのは自分たちだという自負があります。たとえば、イギリスはイギリス国教会が中心で、妊娠中絶やほかの社会問題に対してもリベラルな姿勢を保ち、同性愛や女性の聖職者をいち早く認めるなど自由主義的な方向を是として進んできました。ところが、そうすると、生まれる前の命を尊ぶというようなことは主張しにくくなって、結局強い人の人権を尊ぶというか、声にならない命の声に鋭敏さを欠く傾向がないとはいえない。自己決定を尊ぶのはいいが、それがもたらす負の側面が十分に検討されていないのではないかという気がします。自由主義的傾向の強い国は、そちらに引っ張られる可能性があるんじゃないでしょうか。

環境問題のように、国際協力が必要なことに関してアメリカが協力しないために非常に暗い展望に脅かされるということを私たちはいくつか経験しています。もし、今回のクローン研究の議論がきっかけとなって、アメリカがイニシアティブをとって国際協力を呼びかける方向へ動いてくれれば、これは大きな変化になるのではないかと思うんです。

最相 そこで、日本がどうするかといえば、アメリカに追随するわけにはいかない様子ですね。二〇〇二年七月に小泉首相を議長とするバイオテクノロジー戦略会議が設置されて、生命活動を産業利用する技術が国家戦略の旗印のもとに推進されることになりました。クローン胚の作成も推進の方向性が高まっています。委員会の審議では島薗さんはますます厳しい立場に立たされることになると思うのですが、今日うかがったお話、歴史と文化を検証すること、とくに脳死臓器移植のときに日本が慎重であった経緯を想起することで、何か重要な手がかりが見えてくるような気もいたします。

島薗 日本は、近代文明をそれなりに吸収してきたけれど、そのひずみもまた意識しやすい立場にあったと思います。後発国として西洋諸国に匹敵する力を持つようになりながら、西洋諸国の近代化に疑問を常に持ってきたというか、近代化を支える科学に対してもある種の違和感を持ち続けた。戦争経験、とくに原爆は大きいと思います。近代科学の成果がこれほど重大な悪しき帰結をもたらすという認識には、アメリカ人と日本人の間でものすごいギャップがあると思いますね。これは簡単に通じるようなものではない。

こうした経験が脳死臓器移植の議論に与えた影響は大きくて、とくに自然科学について日本の文化的背景の議論を深めていくことができたと思うんです。そういう近代化への違和感はおそらく西洋以外の国とは共有されるものなので、胚の議論もそういうところから、全方向的な議論を進めていければと思うのです。

最相　西洋文明を享受し辛酸をなめたからこそ、そこから出てくる新しい価値観があるはずだと思いますね。そこは、本当に信じたいと思う。

島薗　ええ。アメリカだけを意識するわけではないですが、日本は、アメリカの方針については議論しないという傾向にありますね。生命倫理の審議でも、アメリカがどの方向を向くかを見て、それに合わせて議論をしているような気配を感じる。もちろん、あれだけ偉大な才能が集まっている国ですから、豊かな議論が出てくる可能性もあって、彼らの議論に謙虚に耳を傾けるということは必要だとは思っています。しかし、同時に、アメリカを相対化して、世界の政治が決定する方向を疑うといいますか、彼らの主張に丁寧に疑問を投げかけていく、そういうことも我々の大事な仕事になってくると思います。

そこでもし、宗教に新しい役割があるとすれば、異なる文化をもつ国家間、あるいは科学者や文学者や政治家の対話に入って、世界の相互理解を促進していく可能性を追求していくことではないかと、そう思っています。

生命科学は、現代社会の欲望が折り重なる交差点である。それを私が初めて感じたのは、一九九八年十一月五日、新宿・市ヶ谷で日本が議長国となって行われた国際生命倫理サミットの場だった。参加したのは欧米、南米、アジア、ロシアなど世界四十六か国、四百三十七名の科学者や社会学者、哲学者、生命倫理学者、宗教関係者、医療関係者ら。私は取材者として現場にいたのだが、このとき目の前で繰り広げられた議論を忘れることができない。

発端は、オーストラリア王立小児病院マードック研究所のJ・サビュレスクの発言だった。彼はまず二つのケース・スタディを提示した。一つは、白血病患者が自分の皮膚細胞から骨髄細胞をつくるケース。二つめは、損傷を受けた脳機能を再生するために受精後十九週以内の自分のクローン胎児を中絶し、その脳を自分の脳に移植するというケースだった。

「人間の受精卵や胎児の細胞から移植用の組織や臓器をつくることは認められるのではないか。人は自分の組織であればクローン技術を利用する権利がある」

発表が終了するや、場内は騒然とした。スコットランド教会のドナルド・ブルース氏は、

「あまりに還元主義的な考え方に身の毛もよだつ思いだ。受精卵や胎児を物質的商品として扱う考え方、胎児が資源だとする態度は問題である」と反論。だが、サビュレスク氏は「理性的な反論ならいいが、道徳的に問題だという感情的な反論は受け入れられない」と応じた。すると、場内から「感情的な反応こそ重要だ。理性的な発言はその背後にいる人間の存在を忘れている。世界には、魂は受精の瞬間に宿るという考え方もあるのだ」と声が上がり、発言が相次いだのである。

実はその翌日の十一月六日、本文にあるように、米ウィスコンシン大学のグループが、体外受精した人の受精卵からＥＳ細胞を取りだし、培養して増殖させることに成功したというニュースが飛び込んできたのだった。人間の魂はいつ宿るのか、受精卵を研究に利用してもいいのか否か、などと議論している最中に現実が目の前に現れたのだ。

私が驚いたのはそのタイミングではない。命の始まりに対し、また、人間の組織や細胞を医療のために利用することに対し、活発な議論が行われていること、その背後にバイオ産業があるという現実だった。

生命科学が自然と人間の関係性を背景とする限り、多様な文化、多様な宗教観が反映されるだろう。それが国際間の亀裂を生むのか、それとも、調和への架け橋となるのか。まずは、対話の席に着かねばならないことだけは確かだろう。それぞれの「生活者の視点」をもって。

第4章

科学者の社会的責任

——中辻憲夫との対話——

「やる限りはＥＳ細胞株をつくった研究所が所有して独占的に研究するのではなくて、みんなが使える公共財産にすべきだ」
「今、生命科学の最先端で問題視されていることは、人間の欲望や現代社会の成り立ちのほうに根本的な問題があるという気がするんです」
（中辻憲夫の言葉）

中辻憲夫さんは京都大学再生医科学研究所長（対談時は幹細胞医学研究センター長）である。今、日本で最も説明責任を期待されている研究者かもしれない。なぜなら、二〇〇一年九月にES細胞研究指針が施行されて以来初めて、人の受精卵を用いてES細胞を樹立する研究計画を申請し、文部科学大臣より承認を受けた研究者だからである。

中辻さんは、ES細胞研究の医学的意義をわかりやすく説明するため、メディアの取材にも応じ、一般向けのコラムや本も執筆している。私が主宰するホームページでこの研究が話題になった折には、「ES細胞はそれ自体では胎児はつくれないため生命の萌芽である受精卵とは異なる細胞であるものの、受精卵に由来する特別な存在として最大限尊重したい」とのコメントを寄せてくれた。

こうした中辻さんの姿勢は、二〇〇二年七月に内閣府が行った意識調査（二十歳以上の日本人男女千八十四人回答）の結果をみれば、自分の研究が与える社会的影響を充分に意識されたものだとわかる。調査では、回答者の八割が生命科学の進展に医学や新産業創出の側面から期待する一方、「人間の生命が操作される危険がある」「倫理的に様々な問題が生じる」と不安を訴える人も八割以上となった。なかでも、研究者がルールを破ることを懸念する声は八八パーセントにのぼり、いかに研究者が信頼されていないかが明白となったのだ。

とはいえ、限られた研究人生を考えれば、科学技術の信頼を回復するのが研究者個人の責務であるのかという疑問もわく。煩雑な取材対応に追われることは時間の浪費にもなりかねない。それとも、クローン羊ドリーを誕生させた研究者と同様、中辻さんも自分の研究が社会的なブレークスルーであることを自覚し、これを決意したのだろうか。

私は、これまでの報道ではわからなかった科学者・中辻憲夫の素顔を知りたいと思った。

中辻さん、生物に興味をもったきっかけから教えてください

最相　和歌山のお生まれだそうですね。

中辻　ええ、そうです。

最相　先日、白浜の南方熊楠記念館に行ったんですが、和歌山は、日本で初めての世界的な生物学者を生んだ土地ですね。南方熊楠は「ネイチャー」誌に粘菌に関する論文を何本も発表しています。

中辻　南方熊楠先生は、身一つで外国へ出て行って、大英博物館の職員になった。すごく個性豊かな方ですね。少し変わり者だったみたいですけど。

最相　中辻さんは、いかがですか。土地から受けた影響はあったんでしょうか。

中辻　和歌山の風土がどういう影響を与えてくれたかはわからないのですけど、生物学に興味をもった一つの要因は、まわりに自然があったということでしょうね。

最相　和歌山のどちらですか。

中辻　紀ノ川のところの橋本市。高野山に近いところです。

最相　小さい頃から、生き物がお好きだったんですか。

中辻　理科には興味を持っていましたね。昆虫採集もしましたけど、これは途中で残酷な感じがしてやめました。

最相　残酷?

中辻　ええ。防腐剤を虫に注射して殺すんですけど、あるときから嫌になって……。それからは、鉱物というか、いろいろな岩石を崖から集めてきて分類したり。親に天体望遠鏡を買ってもらって星を見たり。彗星の写真も撮ったことがあります。

中学校のときは理科のクラブで真空管ラジオをつくりましたね。そういうことはまだ遊びなんだけど、実はもう少し本格的に、子供にしては入れ込んだのがシダ植物です。シブ過ぎますね、子供にしては(笑)。

最相　シブいですね（笑）。でも、なぜ、シダだったんでしょう。

中辻　きれいだと思ったのと、葉っぱの形が同じようでいて、実は千差万別なんですね。非常に規則正しい葉脈の分かれ方をしていて、同じような色なのに、微妙にちがう。和歌山県はシダ植物が豊富なんです。保育社の『原色植物図鑑』という、そのころとしては珍しくカラー印刷の本格的な図鑑を買って調べましたね。ちゃんと分類表がついていて、レベルの高い図鑑なんです。葉脈を比べたり、匍匐《ほふく》する（地上をはう）かどうかなどを見たりして、種の違いを結構丹念に調べました。家のまわりや山に存在しているほとんどの種は集めて新聞紙に畳んで標本をつくりましたね。だから周囲に生えているシダ植物のほとんどの種はわかっていたんです。大学に入ったときには、かすかな可能性として、植物分類学に行くことも考えていたぐらいですね。

最相　花、ではなかったんですね。

中辻　きれいで色彩豊かで、といった興味ではなくて、やはり生き物としての興味でしょうね。いろんな植物があるように見えて、実はとても体系的に分類されている。生き物の世界を系統的に理解する分類学という学問があるんだということを初めて知りました。

今思い出したんですけど、高校時代は生物部にいたんですが、そのころ、ニンジンの形成層を切って、溶かした寒天で培地をつくって、一度だけカルス（最相注・未分化の植物細胞塊）

を成長させたことがあります。葉っぱまではできなかったけど。あれは私の培養実験の最初だったかもしれないですね（笑）。

最相　そうですね。

中辻　だからそういう意味では、私は早熟でいろいろなことをしていたんですね。生物に興味をもったもう一つの要因は、一九五八年に、DNAからたんぱく質が作られるというセントラルドグマの基本形が発見されたという時代背景があるでしょう。

最相　生物学の革命といわれましたね。

中辻　そうです。高校の図書館で、今でいう生化学でしょうか、生物をつくる物質としてのたんぱく質なりDNAを紹介した翻訳書を読んだんです。大学の教科書に使うような本だったんだと思うんですけど、それで、生物のメカニズムというか、物質的な機構を考えることで、複雑で神秘的なものを解明しようという学問が起こっているんだということを初めて知った。ジョン・ケンドリューという、たんぱく質の研究でノーベル賞を受賞した人の『生命の糸——分子生物学への招待』という本です。

最相　分子レベルで生命現象を理解しようとする分子生物学の、まさに黎明期ですね。それで、京都大学理学部で生物学を専攻された……。

中辻　ええ、そうです。入学してすぐに、「生命の科学の会」というサークルに入って、ワトソンが書いた有名な『遺伝子の分子生物学』を読んで勉強しました。なんだか新興宗教みたいなサークル名だけど（笑）。学部に関係なく新しい生物学を理解したいという学生たちが集まっていて、脳の働きを研究する分子生物学者の坂野仁・東京大学教授や、山森哲雄・基礎生物学研究所教授がいましたね。

最相　当時から生命科学という言葉は使われていたんでしょうか。

中辻　その頃は分子生物学ですね。それを日本で早くから取り入れたのが、小関治男先生や岡田節人《ときんど》先生です。岡田先生の授業は三、四年でした。実は二年のときに大学紛争が起きて……。

最相　あっ、あの時代なんですね。

中辻　そう、その間にいろいろ勉強しましたよ。ベトナムの枯葉剤の問題の報告書やレイチェル・カーソンの『沈黙の春』も読みました。興味は分子生物学から始まったんですけれど、農学部の学生には生態学とか環境の研究に入った人もいますし、私自身は、生意気にもセントラルドグマはわかっちゃったから、わけのわからない発生学に行こうかと。

最相　発生学にはいつごろから興味をもたれたのですか。

中辻　三年からでしょうか。そのころ、岡田節人先生と江口吾朗先生の授業があって、岡田先生の授業がすごく新鮮だったですね。今思うとやはり教育環境がよかった。岡田先生が教授をしている研究室の助教授が江口吾朗先生、助手が竹市雅俊先生。

最相　それはぜいたくな環境ですね。中辻さんはどちらの教室におられたんですか。

中辻　私は動物学教室。発生生物学の白上謙一先生という先生がおられたんです。私が大学院二年か三年になるときにがんで亡くなられたんですが。私が学位をとった「両生類の初期胚の発生」というテーマは、白上先生がやっておられた研究なんです。白上先生はなかなかの思索家で、普通の授業以外に生物学史ゼミナールを開いて、アリストテレスやゲーテ、進化論ではキュビ・エ、フランスの医学者で人間機械論を唱えたラ・メトリのように、哲学的なものも含めた授業をされました。そのときの兄弟弟子みたいな人が、科学史家の米本昌平さんなんです。

最相　そうだったんですか。二〇〇二年四月に、生命倫理や医療倫理をテーマにしたシンクタンク「科学技術文明研究所」を設立されましたね。

中辻　ええ。米本さんは発生の研究をされたわけではないけど。

最相　生物学史を大学時代に勉強されたことはとてもうらやましいことです。生命科学を考える上で、今、一番欠けているのは歴史教育だと思うんですよ。生物学がどういうふうに発展してきたかという歴史は、学校では教えてもらえていない。大学ではどうなんでしょう。生物学史の授業はあるんでしょうか。

中辻　ほとんどないでしょうね。最新知識を獲得して、というところだけです。

最相　先日、ドリーを誕生させたイアン・ウィルマットとキース・キャンベルの『第二の創造』を読んでつくづく思ったのは、生物がどういうふうに研究され、どういうことがわかってきたかというのをたどっていくと、その延長線上にクローン技術や遺伝子組換え技術がある。今、突然あらわれたようなイメージがありますけれども、実はそういう流れの中に位置づけられるものであるということがよくわかったんです。中辻さんの学生時代に生物学史を教えてくださる先生がおられたというのは、やはりすばらしいことですね。

中辻　科学者には最前線を切り開いていく時期も必要でしょうが、私は、もうちょっと広く見たいし考えたい。そういうところは、白上先生の影響が大きかったでしょうね。

最相　早くに亡くなられたんですね。

中辻　そうです。研究者にとって指導教授というのは非常に大事なんですよ。引っ張ってくれる人がいるというのは。だから、私は自分の力で切り開いていくしかなかった。

最相　なぜ両生類だったんでしょうか。

中辻　初期発生に興味があったんです。体全体の形、形態形成というのはそのころ皆が注目していたところで、要するに遺伝子情報があって、その上の段階として細胞がどうやって形をつくっていくか。たとえば手ができるときにどうして指の間の細胞が死んで五本になるのか、とか。今でいうアポトーシスですけど。

最相　細胞死のことですね。

中辻　ええ。頭やしっぽ、背、腹。体の基本構造がどうやってできてくるかということに非常に興味があったんです。それを研究する上で、当時アプローチしやすかったのが両生類と鳥類だったわけです。それで論文を発表して外国でも少しは名前が知られるようになったので、自分で手紙を書いてアメリカに渡ったんです。

科学者は研究の社会的意義を説明しなければならない

中辻　ワシントンDCのジョージ・ワシントン大学医学部に移ってしばらくしてから、哺乳類の発生を研究したいと思ったんです。アメリカでは財団のフェローシップをとったりグラント（助成金）をとるためには基礎研究者でも自分の研究が社会的、医学的にどういう意義があるかを考えさせられるわけです。

最相　そのあたり、くわしくうかがいたいです。

中辻　もう二十年以上前のことなんだけど……そう、レーガン大統領が暗殺未遂に遭った一九八一年ですね。あのとき入院したのがジョージ・ワシントン大学の病院ですよ。あのころ、NIH（米国立衛生研究所）ではグラントの審査基準が厳しくなっていました。それに加えて、研究はもちろんだけど、ティーチングといって、学生に教えて評判を得ることも教官の評価の一つだったんですね。それができないわけではなかったんですが、犯罪も増えていたころでしたので、哺乳類の発生研究ならやっぱりヨーロッパに行こう、そう思ってジュネーブ大学のカール・イルメンゼーにポスドク（博士号取得後の研究者）に行かせてくれないかとワシントンから手紙を書いたわけです。

最相　八一年にマウスのクローンを作ったと発表した、哺乳類のクローン研究者ですね。中辻さんは、まさに発生学の最先端の現場に足を踏み入れようとなさったんですね。でも、イルメンゼーは、その論文が追試不可能ということで学界を追われてしまった。

中辻　ポスドクのことは、考えてもいいという返事はもらっていたんです。それで、イルメンゼーが主宰するスイスのワークショップにいくと、どうも様子がおかしい。その半年後ぐらいですよ、あのスキャンダルは。だから結局ヨーロッパには行かず、そろそろ日本に帰ろうかという気になっていたところ、バイオ研究に乗り出した明治乳業ヘルスサイエンス研究所で研究室をもつことになって帰国する決心をしたんです。そのスイスのワークショップで本格的に知り合ったのが、アン・マクラーレンだった。

最相　中辻さんの著書『ヒトES細胞　なぜ万能か』に、「ヒト胚に関わる生命倫理の考え方について、私がもっとも大きな影響をうけ触発され続けている」と紹介されている方ですね。

アン・マクラーレンの名は私もよく耳にしますが、なぜ発生学の研究者の皆さんは彼女を慕っておられるのでしょう。

中辻　哺乳類の遺伝発生学のパイオニアなんですね。キメラマウス（最相注・複数のマウスの胚を融合させて発生させた一個の個体）を最初につくって研究したひとりが彼女です。胚の発生のいろんな研究の基礎となっている技術です。それからもずっとアクティブに、今でも生殖細胞で最先端の研究をしている。この出会いがきっかけで、明治乳業の資金で一年間、彼女のいるＭＲＣ（Medical Research Council）の Mammalian Developent Unit で研究できました。世界中の哺乳類研究者が必ず一度は行く場所で、いろいろな人材を育てている。アンはもう七十五歳を過ぎているんでしょうけど、今も研究の最先端を把握しているんですよ。それはすごいこと。非常に有益なアドバイスをもらえる。

それだけではなくて、人柄の面でも全面的に信頼できる。彼女が気難しい顔、怒った顔をしたのを私は見たことがないですね。あれほどの自制心を持っている人はすごいなと思います。そして、倫理的なところまでの深い把握をしている。現実主義者ですけれどね。

最相　倫理的というのはどのようなことでしょう。何か具体的な発言はありますか。

中辻　イギリスにも胚に関するいろいろな審議会がありますが、そこに研究者を代表する立場から参加して、意見の形成に貢献しています。研究の現場を知りながら一般社会のことも考えて、現実的にどういう道が最適かを探る。具体的な発言としては、たとえば、不妊治療に使われずに捨てられる胚もES細胞をつくるために使われる胚も、同じ胚じゃないか、ということもあれば、一方で、クローン胚をつくるということは好きじゃないともいう。技術が完全に成功したとしても、それは、その人だけのES細胞をつくるということになって、経済的な問題からも万人のための医療にはならないからだそうです。もっとジェネラルな治療に使われる方策を目指すほうがいいといってます。貧富の差、開発途上国の状況を考えた意見でしょう。

最相　そうですか。ただ、イギリスは、ES細胞の研究では、世界でもっともはやくヒトクローン胚の作成を認可しましたね。難病治療目的に限られてはいますが。

中辻　ええ。ただ、イギリスは寛容に見えて、非常にきちんとしたことをやっている。動物を扱う実験ひとつとっても厳しいライセンス制がしかれています。研究のために動物を使う場合も、メリットが明確である必要があります。膨大な報告書が必要ですし、動物保護委員会の抜き打ち検査もある。人のクローン胚となれば、過去の論議の蓄積の上で初めて許可されるかどうかが決まることになるでしょう。非常に厳しい国です。

最相　中辻さんはその後、国立遺伝学研究所に移られて、九八年四月から京都大学再生医科学研究所と併任されますね。同じ年の十一月にウィスコンシン大学で世界で初めて人のES細胞が樹立されますが、その後、中辻さんが、日本で初めて人のＥＳ細胞を樹立するような立場に立たれることになった背景には何があったのでしょうか。

そして、日本のＥＳ細胞研究へ

中辻　九九年に田辺製薬からカニクイザルのＥＳ細胞研究をやらないかという話があって、その研究を始めたときから、自分がその責任者になるのではないかという予感はあったんです。マウスのＥＳ細胞株をつくるのに、日本で最も経験がある研究室が三つあるとすれば、そのうちの一つが私のところだった。そこにサルの話がきて、成功してしまった後では、私たちのグループが一番最適ということになるわけですね。あとは自分が決心するかどうかの問題です。本当に自分がやっていけるかどうかは、一年近く考えました。知的所有権や医療財政まで大きく関係してくることですので、日本で人間のＥＳ細胞をつくることは重要で、いつかだれかがやらなきゃいけないということはわかってたんですが。

そのとき、アン・マクラーレンが、自分の書いたものを送ってくれたんです。それを読みながら悩んだんですね。自分で納得できない限りやるつもりはなかった。そして、やる限りはＥＳ細胞株をつくった研究所が所有して独占的に研究するのではなくて、みんなが使える公共財産にすべきだと。ＥＳ細胞の指針ができる前からそう考えていました。

研究者として生きるのは、七、八割は生物への興味でしたが、あとの二、三割は、自分の興味の延長線上に社会的な意義、社会に貢献することがあるのなら、少しそちらのほうへしなやかに曲げるぐらいのことはできるだろうと。

カニクイザルのときも、田辺製薬には最初からみんなで使えるかたちにしないと協力できないよといいました。カニクイザルのＥＳ細胞株は四十五万円で売り出していますが、これは研究費からみれば決して高い金額ではありません。人のＥＳ細胞株ではこれが無償になるということです。再生医科学研究所は一切権利を主張しません。

最相　二〇〇〇年十一月に、私がコーディネーターをつとめさせていただいた「遺伝子解析の進展と再生医療」というシンポジウムがありましたね。中辻先生のほか、米本昌平さんと、当時、東大ヒトゲノム解析センター長だった榊佳之さんが講演をなさった。中辻さんはカニクイザルのお話をされましたが、私はあのとき、人のＥＳ細胞を日本で最初に研究されるのは中辻さんだろうと感じていたんですよ。

中辻　そうですか。ただ、こんなことにかかわって、これは自分のキャリアにとっていいのか悪いのかと思うところはあります。でも、少なくとも自分がやれば、自分の責任で良しと思うようにできる。自分がやる必然性があったのだと最終的には決心しました。運命だったかもしれません。

最相　ＥＳ細胞研究は、パーキンソン病患者へのドーパミン産生細胞や、糖尿病治療のための膵島細胞、肝細胞などの移植医療に有効だといわれていますね。

中辻　そうです。私のところにもパーキンソン病の患者さんから早く研究を進めてほしいという手紙が届くんです。ボランティアの患者さんに第一段階の治験が行えるのは五年以内ではないでしょうか。

最相　実際の手順を教えていただきたいのですが、凍結保存した受精卵のうち、不妊治療には使わないものをこの研究に提供することをカップルが了承したとき、具体的にはどのようなかたちで中辻さんのところまで運ばれるのでしょうか。

中辻　複数のご夫婦の凍結受精卵を一回あたり十個以内、ラベルをはずして個人情報がわからないようにしてから運ばれます。それを繰り返して、そこから染色体が正常で分化能をもつ安定した良質なＥＳ細胞株が三〜五株できれば、日本中の研究者に少なくとも十年間は研究材料が提供できて、受精卵をしばらく用いなくてもよくなります。

最相　しばらく受精卵提供が止まる？

中辻　そうです。ＥＳ細胞のいいところは、当初の性質を維持したまま無制限に増えることなんです。

最相　不妊治療をなさっている方というのは、もともと染色体に問題がある可能性が高いですね。それを前提としていても、ＥＳ細胞は正常になるのですか。

中辻　増えてきた細胞の染色体を調べて、染色体が正常ではなかったら、それは少なくとも医療には使えません。正常なものを選ぶしかないですね。

危惧すること

最相　シダ植物との出会いから、今や最先端の研究現場におられるわけですが、現在もっとも危惧なさる点を教えていただけないでしょうか。

中辻　そうですね。今、生命科学の最先端で問題視されていることは、人間の欲望や現代社会の成り立ちのほうに根本的な問題があるという気がするんですね。あ、こんないい方ではわかりにくいですね。

たとえば、鷲田清一さんと最相さんの対談でもクローン猫のことを取り上げておられましたよね。私が思うに、クローン猫に研究資金を出した大富豪は自分のペットのクローンをつくるために、いったいどれだけの猫を苦しませたか知ってるのかと思ったんです。発表されてないですけど、卵子を採取するためだけでも百匹以上の猫を苦しめたと思うんです。

たとえば、パーキンソン病のサルに細胞治療を試す前臨床研究では、サルはやはりかわいそうなんです。でも、それは、人間のパーキンソン病の治療法を見つけるために、許してくれということでやっているわけですよね。

でも、自分の死んだ猫を愛しているからといって、ほかの何百匹を苦しめる理由になるのか。まさに自分勝手な欲望という気がしますね。それに、クローンといっても、違う猫。本当に犬や猫が好きなら、もう一匹育てればいいんです。

最相　倒錯した愛情です。

中辻　それは人間も同じです。クローン人間はいろいろな意味で論外なんですけど、完全に成功したとしても、クローン人間はやはりだれかの細胞のクローンだということによって、枠をはめられてしまう。その人の自由が奪われてしまうということが問題だと思います。それをさせるのも、やはり人の欲望ですね。自分の子供をつくりたいという欲望は許されると思いますけれども、そのためにほかの女性を危険に陥れて、ある枠をはめられた自由じゃない子供をつくる。それを正当化する理由はないと思います。

最相　妻が、夫の死後に凍結保存した精子で出産することはどう思われますか。

中辻　それは夫の遺伝子であって、自分の持ち物じゃないから。

最相　私のホームページでは、以前からこの件についてアンケートをやっていて、途中でアメリカで現実に行われたので、その後、すごくアクセスが増えたんです。実際に起きてからは、反対の意見が多くなりましたね。

中辻　精子バンクで精子を買うことも、夫の死後にその精子で出産することも、結局自分が中心ですよね。子供自身のことをよく考えてない。技術は進歩して暮らしはよくなったけど、人間の欲望って、ますます悪くなっているんじゃないですかね。

最相　そうですね。

中辻　手段が与えられれば与えられるほど、欲望が肥大化している。

最相　いい加減にしてほしいですね。

二〇〇三年五月二十七日、中辻さんらの研究グループは、日本人の夫婦から提供された凍結受精卵からＥＳ細胞一株を初めて樹立できたことを発表した。提供を受けた凍結受精卵は十個、そのうち胚盤胞まで育ったものが一個、そこからＥＳ細胞を培養することに成功したという。

その後、再生医科学研究所は、研究機関にＥＳ細胞を分配する際の規定を設けた。そこには、再生研と使用機関の間で同意書を交わすことのほか、違反があった場合には、「使用機関に研究の中止を申請」「ヒトＥＳ細胞の返還請求」「違反事実の公表」「以後の使用停止」といった罰則が付加されている。

二〇〇五年七月現在、文部科学省とES細胞の樹立・分配機関である京都大学再生研の二重チェック体制のもと、血管の発生・分化機構の解析やパーキンソン病モデルサルにおける移植研究などが実施されている。

中辻さんは、パーキンソン病患者を介護する家族の苦労を聞くたびに、ES細胞による治療で多くの患者が自分の身の回りの世話ができるようになるのであれば、受精卵を百個壊してもかまわないのではないかと思うことがあるという。ただ、廃棄を決めた夫婦であっても、その受精卵がかけがえのないいのちだった時間もあっただろう。結果的には一人の人として育つ可能性は断たれたものの、いっときは夫婦の希望であっただろう。そこをあえて研究に提供しようと申し出てくれるのであれば、その意思を裏切らぬよう万全を尽くす。中辻さんの言葉の端々に、その強い決意と覚悟が込められているように思えた。

欲望のありようは、みなと同じように健康でありたいという欲望から、技術の進歩が増幅させた歪んだ欲望までさまざまである。科学者に説明責任と高い倫理観を求めるのであれば、私たちもまたみずからの欲望を振り返り、その技術を受け入れるのかどうか、ひいては自分がどう生きるのかを見つめなおさねばならない。信頼は、双方の歩み寄りと想像力からしか生まれない。

第5章

動物と人間の関係

——山内一也との対話——

「クローンは経済的な利益につながるものではないでしょうね。しかし、クローン以上に問題なのが、遺伝子組換え」

「研究者たちが動物福祉や動物の権利について哲学的な論理思考ができるかというとそうではない。教育されていなかったですから」

（山内一也の言葉）

日本生物科学研究所理事・主任研究員の山内一也さんは、人獣共通感染症をはじめとするウイルス学の専門家である。

二〇〇一年九月、千葉県で初めて牛海綿状脳症（BSE）牛が確認された直後、BSEを引き起こす病原体プリオン研究の第一人者である山内さんのもとに取材が殺到した。山内さんは、その後、農林水産・厚生労働両大臣の私的諮問機関「BSE問題に関する調査検討委員会」の委員長代理となる。会議はすべて公開、事前の意見調整はせず、報告文の起草は委員みずから行うという、当然のこととはいえ従来の常識を打ち破る画期的なプロセスを経て二〇〇二年四月に報告書がまとめられた。

BSEが大量に発生したイギリスから肉骨粉を輸入していなかったことや、肉骨粉が牛の飼料にほとんど使用されていないと考えられていた、という当時の事情はある。それを考慮するとしても、報告書は、九六年四月にWHOから肉骨粉禁止勧告を受けながら、課長通知による行政指導で済ませた農水省の危機感の欠如が今回の事態を招いたことを「重大な失政」であると、厳しく批判した。さらに省庁間の連携不足、生産者重視消費者軽視を指摘し、消費者優先の食品安全行政を行うために、リスク評価、リスク管理、リスクコミュニケーションといったリスク分析の手法を導入することを提言している。

この報告書を受け、日本は、特定危険部位の除去と全頭検査の二本立てという、世界でもっとも厳しい安全対策をとることになった。また、食品安全基本法が制定され、科学的知見に基づく公正なリスク評価を行う機関として、二〇〇三年七月に関係行政機関から独立した内閣府食品安全委員会が設置された。

山内さんは現在、そのプリオン専門調査会委員として厚生労働省と農水省から諮問を受けた全頭検査の緩和（二十カ月齢以下の牛を検査から除外する）のリスクを科学的に評価する審議に参加している。米国産牛肉の輸入再開という政治問題を背景にもつもので、専門調査会の議論の前に政府がアメリカと輸入再開を見越した協議を行っていたことが明らかになったが、山内さんは一貫して科学的視点の重要性を訴え、これが政治的な駆け引きの材料に利用されることに異を唱えている。

この対談は食品安全委員会設置前に行われたものだが、山内さんの食品安全行政に対する考え方と、研究に利用される動物と人間の関係性を考える上でも重要な手がかりになると考え、当時のまま掲載することにした。

ＢＳＥは私たち人間への警鐘だったのではないでしょうか

最相　ＢＳＥは、本来草食動物の牛に、くず肉や骨や家畜の死体をレンダリングという方法で加工した肉骨粉を飼料として食べさせるという、共食いの結果引き起こされた病気ですね。牛たちから人間への逆襲ではないか。そんな印象を強く持ちました。

山内　いくつか推理はできるんですが、日本についていえば、ＢＳＥに汚染されている可能性は充分にあったんです。ＥＵ加盟国でも感染がないのはいまやスウェーデンだけですから。二〇〇一年四月から始まった農水省のＢＳＥ積極的調査は、風評被害を避けるために日本は汚染のないきれいな国であることを証明しようとして始まったものなんですね。従来の届出制ではなく、国際獣疫事務局（ＯＩＥ）の基準にしたがって年間三百頭の調査を行おうとしました。でも、なかなかサンプル数が集まらない。それで神経症状の解釈を拡大して起立不能の牛までサンプルを増やした。そこで、千葉の牛が見つかった。

最相　本来、見つかるはずのないものが見つかったわけですね。

山内　そう、偶然です。一頭のＢＳＥ牛には約四千頭の牛を感染させるだけの病原体が含まれていますから、それが飼料として肉骨粉に混入すると危険は拡大します。ＢＳＥの検査方法は二〇〇〇年から使えるようになったものですので、考え方によっては被害の拡大を早めに食い止められたといえるかもしれません。一か月でも遅れていたら、別の牛に感染させていたかもしれませんから。

最相　発生一か月あまりで安全対策がとられたのも世界で類を見ない迅速さですね。肉骨粉禁止がヨーロッパから伝えられたときにすぐ対応できなかったことへの反省があったと思うんですけれども、やはり、日本には、三十年に及ぶプリオンの研究実績があったことが大きかったんでしょうか。

山内　そうですね。一九七六年には厚生省の「スローウイルス感染と難病発症機序に関する研究班（七九年より遅発性ウイルス感染調査研究班）」が結成されました。これはプリオン病という名前が生まれる前です。僕も初期の頃から参加し一九八八年から五年間、三代目の班長をつとめました。ここでスクレイピー（羊や山羊の海綿状脳症）研究の第一人者の帯広畜産大学の品川森一さんが生前診断法を世界で初めて開発されました。今では世界的プリオン研究者である九州大学の北本哲之さん（現在は東北大学）は免疫組織化学検査法を開発され、これは牛のBSEや人間のクロイツフェルト・ヤコブ病の診断のための重要な手段になっています。これが今回のBSEの確定診断法のひとつに用いられているのです。

最相　ということは、優れた研究はありながらもその重要性が認識されず、実際の危機管理システムのなかで機能していなかった。隔靴掻痒の感があります。

山内　ただ、まったく何もしていなかったわけじゃなく、それなりの予防対策はやっていたんです。でも、一般に対してこれは危ないですよということがいえなかった。行政も科学者もちゃんといえなかった。マスコミも、大本営発表じゃないけど、農水省にしか聞かないわけですから。結局、はっきりしたことはいえない風土だったんです、日本はね。

今回のことは痛みを伴うことではあるけど、食品安全性を考えていく意味ではむしろプラスに働くでしょうね。消費者あっての生産者ですし、企業には大変な社会的制裁が加えられる。畜産行政は手痛い教訓を得たんじゃないんでしょうか。消費者にも、食品にゼロリスクはありえないということがかなり理解されてきたんじゃないかと思う。

よく、「絶対安全ですか」と聞かれるんですけど、科学的にみてリスクの非常に低いレベルまではもっていっているという説明しかできないです。その意味では、消費者側にも教訓であったのではないかと思いますね。

最相　報告書に「BSEを招いたことは経済効率を最優先した近代畜産の陥穽」とありましたが、動物バイオテクノロジーといいますか、動物を材料とした新たな実験・研究や医療が行われていく時代に入るにあたっても、動物と人間の関係を再考せよと動物たちから迫られているように思えてなりません。

動物バイオテクノロジー時代の動物福祉

最相　クローン羊ドリーが誕生したときに、その生みの親であるウィルマット博士らがいっていた研究目的は、病気の治療に有効な成分を分泌させるために遺伝子操作した羊や山羊をクローンで安定的に増産すること、いわゆる動物工場ですね。それと、拒絶反応を抑えるために遺伝子操作した異種移植用のブタを作ること。医療目的という大義名分にはうなずかざるをえないところがありました。

山内　農水省が推進する研究開発関係施策をよく見ると、動物工場よりも動物の品種改良などが圧倒的に多いことがわかりますよ。

最相　品種改良ですか。

山内　ええ。たとえば、脂肪分の少ないブタを作るとか、牛だったら生理代謝機能を遺伝子導入で改変して妊娠せずに泌乳《ひにゅう》し続ける牛を開発するとか。もしくは、病気に対して抵抗性の強い抗病性遺伝子組換え家畜ですね。そういう品種改良はすべて食用を目指しているんです。その手段として組換えＤＮＡ技術を導入している。そっちの方がむしろ、差し迫った大きな問題だと思ってます。

最相　体細胞クローン牛も国内で三百頭以上生まれてますから、彼らを食べることも検討しなくてはならないんでしょうね。二〇〇二年八月に農水省外郭団体の畜産生物化学安全研究所が、「動物実験の結果、体細胞クローン牛は従来の一般の牛と比べて変わりない」と食品安全宣言ともとれる発表を行いましたが。

山内　八月の発表は、従来の食品安全性で用いている毒性試験、つまり、ラットやマウスのような動物に接種して毒性を見る試験を行ったようです。ああいう方法でやっていく限り、体細胞クローン牛が食品として危険だという答えは出てこない。正常に生まれたものは、普通の動物と比べても食用としては違いがないですから。これまでの基準を当てはめて安全性を議論できるのか、新しい基準が必要かどうか、ということにかかわってくるんじゃないかと思うんですね。

最相　新しい基準とは何でしょうか。

山内　まずは考え方の整理をする必要があるでしょうね。たとえば組換えDNA実験の技術が一九七二年に開発されたとき、アシロマ会議が行われて一度モラトリアムがかけられて、それから徐々に安全性を確認しながら規制を緩めて実用化するという方法がとられましたね。そういったやり方をする必要が今回もあるのかどうかということです。安全かどうかということは、既存のものよりも危険かどうか、新しいものが加わってくるかという議論です。

最相　アシロマ会議のときは遺伝子組換え実験をしたポール・バーグが自分の研究の危険性を感じて問題提起したわけですが、クローンについていえば……ウィルマットらがなんらかの呼びかけをしなくちゃいけないということになるのでしょうか。

山内　いや、それはちょっと違うと思う。組換えDNAの場合、バクテリア、大腸菌を宿主としての仕事ですから、これはものすごい環境破壊を起こす恐れがあります。大腸菌はわれわれの腸内にもいるわけだし、そこに新しいものができてくれば、どんなことが起きないとも限らない。でも、家畜の場合はもともと封じ込められて飼育されている動物ですし、本来、人間がつくり出したものですから、限られた環境で何か悪さをするかどうかという議論だろうと思うので、そこにモラトリアムをかける必要はないと思います。それより、食品として出すかどうかという意味でのモラトリアムですね。そのためにも、それを議論する枠組みがいると思うんです。

最相　枠組みというのは……。

山内　行政における枠組みです。ガイドラインとか、アメリカに例をとれば、FDA（食品医薬品局）という機関が食品の安全はちゃんとそれをみますというのが一つの枠組みですね。

最相　従来の安全性試験以外の論理を打ちたてられるんでしょうか。

山内　わからないです、これは本当に。

最相　経済効率でしょうか。

山内　いや、クローンは経済的な利益につながるものではないでしょうね。あくまでもバイオテクノロジーとしての価値を生み出す方向に使われていくんであって、食用が主体ではないですよ。ただ、一部が食用に回る可能性はあるので、それをどうするかです。

しかし、クローン以上に問題なのが、遺伝子組換え。自然でも遺伝子の組換えは行われていますが、自然界で導入される遺伝子とは違うものも入れるわけですから、囲われた環境で育てられるものとはいえ、それを検討する枠組みは必要なわけです。遺伝子組換えは品種改良の手段として導入されていますから、かなり差し迫った問題です。

アメリカの場合、研究から商業利用まで、遺伝子組換え実験はすべてＮＩＨ（米国立衛生研究所）の指針のもとで行われていて、権威ある連邦機関の許可を得ない限りは食用にまわせないことになっています。イギリスも、遺伝子組換え実験のガイドラインがあって、食用や家畜の飼料に用いるときは政府機関の認可が必要です。日本には何もない。文部科学省の遺伝子組換え実験指針はありますが、あれはマウスやラットのみで家畜は念頭に置いてません。ずいぶんそこを提案したけど、結局そのままです。それが商業利用となると、家畜の場合には農水省が担当になるんです。植物も農水省担当。医薬品だったら厚生労働省、バイオマスだったら経済産業省、全部縦割りです。農水省の遺伝子組換え家畜は最近委員会が再開しました（二〇〇二年）が、これは生物多様性条約の批准に際して国内の指針を整備する必要があるという外圧によるもの。二年以上お休みしてたんですけどね（最相注・二〇〇四年二月十九日に「バイオセーフティに関するカルタヘナ議定書」が発効、これに伴い国内では、「遺伝子組換え生物等の使用等の規制による生物の多様性の確保に関する法律」が施行され、従来の指針は廃止された）。

最相　そうだったんですか。

山内　私も委員ですので、食用を検討する枠組みをここでつくらなければならないと思っています。倫理的な問題を議論するにも、それを行う行政における枠組みが必要です。

動物を利用することの痛みを感じているのは研究者自身ではないか

最相　ご著書『異種移植』で動物保護の歴史的背景について解説されていますね。動物保護の概念というのは、ルネサンスのころから生きたまま動物を解剖するという残酷な実験を行ってきたヨーロッパで生まれたもので、イギリスを中心に反対運動が始まって二十世紀初頭に動物保護法ができたと。

山内　ええ。

最相　日本には文化的な背景もあり、それに、西洋医学が入ってきたのが明治以降という特殊な事情もあって動物と人間を区別するような思想はそもそもなかった。動物を実験に用いるようになったのも明治以降、そこが欧米との大きな違いであると指摘されていますね。だから、今改めて日本がその枠組みをつくらないといけないのではないかと。

山内　そうは思いますけれども、実際には日本は後退しているんです。というのは、総理府が一九七三年に「動物の保護及び管理に関する法律」をつくりましたが、そこでは動物実験はできるだけ苦痛を与えないという点しか言及されていません。それが九九年に改正されて「動物の愛護及び管理に関する法律」になって、虐待の項目で罰則を設けるというのが入ったわけです。ここでは家畜や実験動物は除外した。

最相　別名、ペット法ですね。家畜や実験動物の点ではまったく後退してしまいました。

山内　去年だったか、実験動物学会で動物愛護法をつくるのに中心になった科学技術庁の担当官が特別講演をしたんですけど、実験動物も畜産動物もまったく頭に置いてない。

最相　わかって無視してるんですか。

山内　いや、知らないんです。神戸でペット虐待事件があって、自民党あたりから何とかすべきだという要請があってできたもので、情操教育と悪いペット業者への圧力という意味で変えていったわけでしょう。だから、そちらのことばっかり。医学界や畜産界は、そういう中に自分たちも入れられちゃ困ると。要するに罰則のところに議論が集中しちゃったわけですよ。

ですから全体としての動物福祉という視点はないです。

最相　愛護という言葉がいかにも、人間ォレ様という感じです。

山内　英語にないんですよ、愛護という言葉は。

最相　そうなんですか。ご著書に、動物福祉と動物の権利は違うと書いておられますが、もう少し詳しく教えていただけますか。

山内　動物の権利を最大限認めるというのは、現実的じゃないと思う。もちろんそういう人たちはいますけどもね。そうじゃなくて、動物福祉はあくまでも人間が動物を利用することは認める、というのが出発点です。だけど、動物も苦痛を感じる生き物である以上、苦痛は最小限度にする。人間勝手な言い方ですが、人間への恩恵が大きければある程度苦痛を与えてしまうのはいいかというバランスの問題で、その恩恵が小さいのに苦痛の方が大きくちゃいかんと。

それが動物福祉の基本です。功利主義の考え方で、どの程度まで厳しくやるかは人によって違うし、対象動物によっても違ってくるだろうと思うんです。

最相　動物の権利を主張している倫理学者のピーター・シンガーのように、挙句、ベジタリアンになってしまう人もいるようですね。ただ、動物の権利と福祉は違うというところから出発する、その議論の枠組み自体、西洋から入ってきた思考方法です。日本人は、動物を守らなきゃいけないということをあえて言葉にしなくてはいけないような論理の組み立て方をしてこなかった。だからこそ、なかなか根づかないということではないかと思いますが。

山内　そのとおりです。日本の獣医学科にも実験動物学講座がありますが、動物福祉の授業なんてまったくといっていいほどやってないわけです。動物福祉といったって、言葉自体理解してない人の方が大部分。

最相　鯨は食べちゃいけないのかなというような、そんなレベルの意識ですね。

山内　獣医学の領域の人もそうですよ。畜産の領域の人はみんなそう。農水省でいくら動物福祉を提案してもわからない。

最相　山内さんが動物福祉を考えるきっかけは何だったんでしょうか。

山内　昔、国立予防衛生研究所（現・国立感染症研究所）にいたころはサルを使って実験をずっとやっていましたからね。霊長類であるサルは、動物福祉の観点からも慎重を期すべき最も厳しい問題を抱えているものですから。

最相　チンパンジーですか。

山内　いえ、カニクイザルです。予研では年間千何百頭というサルを輸入してました。実験と、ワクチンの検査に使ってました。

最相　いつごろ、でしょうか。

山内　一九六五年からですね。そのおかげでマールブルグ・ウイルスなどにかかわるようになっちゃったわけです。六七年に、アフリカから輸入したミドリザルが原因でマールブルグ病が起こりましたからね。血液や体液を通じて感染し、インフルエンザのように発熱や筋肉痛が起こります。ドイツのマールブルグ市などで集団感染して七人が死亡したことから、この病名がつきました。

そういったことを経て、東大医科学研究所の実験動物研究施設に教授で行ったでしょう。行ったのが七九年か。八〇年代初めになって日本でも動物実験反対運動が起こり始めたんです。それで、われわれは標的になった。

最相　かかわらざるをえなくなった。

山内　そうです。それから、文部省の動物実験指針をつくる委員会に入った。

最相　八三年ですね。ちょうどヨーロッパで実験動物保護の倫理規則の「３Ｒ」(replacement〔置換〕＝動物をできるだけ使わず試験管内で実験する、reduction〔削減〕＝動物の数や実験数を最小限にする、refinement〔洗練〕＝苦痛を最小限にする) がＥＵの国際基準として取り入れられて実験動物保護の意識が高まっていた。科学雑誌も、「３Ｒ」をクリアしていない論文は受け付けなくなったと聞いています。

山内　そう、八〇年代から非常に厳しくなったんです。それで論文審査でリジェクトされる人が出てきたので、動物実験の指針を求める研究者の側からの要請もあったんですね。やはり外圧です。

ところが、文部省は逃げた。裏切られたと思いました。原則だけ作って、指針は各大学でやりなさいとなったんです。自主規制です。現実には実験動物学会がひな形をつくって、それをモデルに各機関がつくりなさいということになっちゃった。がっかりしましたね。

最相　柳澤桂子さんのお話を思い出します。柳澤さんは三菱化成の研究所におられたとき、毎日マウスを「殺す」ことの痛みを感じていたとおっしゃっていました。そのことと進化を学んだことが生命科学をやっていこうというきっかけになったそうです。人間はどこまでこういうことをしていいのか、非常に苦しかったとおっしゃっていました。簡単に動物を守れといいますけど、実際は、研究者の方がよっぽど心に痛みを感じておられるんではないでしょうか。

山内　それは事実だと思います。研究者は動物に対して独特の気持ちをもっていると思うし、動物のことを考えながら研究している人の方が圧倒的に多いでしょう。ただ、その人たちが動物福祉や動物の権利について哲学的な論理思考ができるかというとそうではない。教育されていなかったですから。自分たちがやっていることの良し悪しを論理的に考えるようにはなってない。そこに問題があるんだと思います。ですから、もっと動物実験に対する理論武装をして、ほかの人にもちゃんと説明できるような論理を身につけていく必要があると思うんですね。

やっぱり動物をモノとしてしか考えない人たちも事実いるわけです。保護とか何とかという意味じゃなくて、生き物を取り扱っているということは、常に頭に入れておくべきだと思いますね。

最相　生き物という意識が抜けてしまう人がいるのはなぜなんでしょうか。

山内　研究は、最初は生き物から始まってどんどんどんどん細かく掘り下げていくという、分析的思考でいくでしょう。最後は遺伝子とか原子ですね。だから、遺伝子だけ研究してる人は、その遺伝子がどういう生き物につながっているかはわからないんです。

最相　ウィルマットの『第二の創造』とジェームス・P・ワトソンの『二重らせん』の大きな違いというのは、ワトソンは還元主義的といいましょうか、動物、生命に対する畏敬の念はほとんど感じられなかったんですが、『第二の創造』では、進化の流れの中でクローンをどうとらえるかという、ダイナミックな視点が感じられた。これは大きな違いだなと思ったんですね。

山内　まさに、そうですね。還元主義は研究を進歩させる原動力になるわけで、当然必要です。だけど、そういう方法論ができれば、そこをまたもとの生命体に戻すということをやる人たちも必要なわけです。僕らも後者であるわけなんですね。

最相　疾患モデル動物のように、あえて動物を病気にする場合、自分が生き物を扱っているという意識はなおさら必要ですね。

山内　むずかしい問題です。マウス、ラットに関して疾患モデル動物をつくっていくことは、これは必要悪というか、やらざるを得ない。その恩恵を人間はこうむっていることも事実です。今、クローンや組換え技術によって大型の家畜も遺伝子組換えをして疾患モデルをつくれるんですね。実際につくっている例もある、日本にも。すると、かなり問題がある。多くの場合、疾患というのは人でいう難病なんです。いつまでも苦しみを伴う病気。そういった病気のブタやヒツジをつくることが許されるのか。実際につくったという人もいて、じゃあ、動物実験委員会でちゃんと議論してもらったかというと、どうもあいまいなんです。かりにうまく疾患モデル動物ができて外国の雑誌に出したとすると、どういう反響が返ってくるか私にはわからない。いまだかつてそういう動物は、私が知っている限り論文になってないです。

ウィルマットは遺伝子操作でできた疾患モデル動物をクローン技術で増やすようなことを書いてましたけど、イギリスの場合、非常に厳しい枠組みがありますから、当然その動物実験委員会の許可がなきゃできないし、あそこは内務省の管轄、日本でいえば警察の許可がいるわけです。そこで認められたら社会は受け入れてくれる。日本の場合そういう仕組みはない。大学の委員会がやればいいと。

最相　大型動物を使う必要性はどこにあるのでしょうか。

山内　治療実験をやろうと思ったら、ラットやマウスではできないんです。何かを飲ませたり注射したり輸血したりする実験は大型動物が必要な場合があります。神経系の病気はとくに大型でないとむずかしい。

最相　疾患の原因遺伝子が次々と見つかってますから、製薬会社がゲノム創薬の研究をする場合、動物実験は不可欠なわけですね。

山内　ゲノム情報をもっと大型の動物に還元したいということになってくると、これはちゃんと議論をしないとだめだと思います。

一般市民に鍛えられた

最相　さきほど動物実験反対運動の標的になったというお話があったんですけど、その後も、山内さんは東大の医科学研究所の実験動物研究施設長だった一九九〇年二月に、日本で初めて脳死肝移植を承認した倫理審査委員会の委員長でもいらっしゃいましたね。こうしてみると、山内さんはこれまで、研究あるいは医療の意義を一般の方々にいかに理解してもらうかという、その議論の矢面に立たれていたんですね。

山内　ええ。ただ、一般市民の態度も年とともに変わってきているんです。動物実験反対運動なんていっても、当時はパブリックじゃなく限られた人だった。そのうちパブリックも成長して議論も大きなものになる。それに対して、またわれわれがどう対応していくかという問題もだんだん大きくなっていく。最初から大きなものだったら、とてもじゃないけど、こちらもそれだけの勉強ができてないです。ある意味、パブリックに鍛えられてきたんだと思います。

最相　当事者の意識もやっぱり外圧によって鍛えられてくる場合もありますし、そうでなく、それを無視したことでとんでもない事態に陥ってしまうこともあるわけですね。

山内　あるでしょうね。

最相　これは毎回みなさんにうかがうことですが、理解できない、あるいは理解できても渡り合う気持ちのない人と渡り合うための知恵ってあるのでしょうか。

山内　うーん、むずかしいですね。僕自身は脳死肝移植の承認をやって、パブリックやマスコミからいろんな質問を投げかけられたわけです。あのとき考えたのは、やっぱり今、自分のこの立場としてやらなければいけないのは何であるかということです。そして考えた結果は全部公にして、理解してもらう。理解できない人はしかたないですが、僕は自信を持ってやったつもりです。自分がやらなければいけない領域は知った上で対応した。それを超えた議論はしていない。最相さんの質問はもっと広い意味のことだと思うんですが、そこまで一般論としていえるだけのものは僕はもってなかったですね、あの時点では。

ＢＳＥの場合、みなさんに情報提供して、多くの質問に答えるという意味でやり始めたわけですけどね。そこで初めて社会との接点が、今度はかなり身近に感じられるようになった。もう、嫌というほど消費者から生産者から、ありとあらゆるところの人たちと講演会で質疑応答していますよ。

僕はあまり物事を哲学的に深く考えるタイプじゃないし、かなり現実的な分析をするもんですからご質問にダイレクトにお答えできるわけじゃないけど、社会の声に対してどう対応しなきゃいけないのかを考えていくべき状態になったのかなと、そんな感じはしています。

対談の翌年、山内さんは食品安全基本法案を審議する国会の参議院内閣委員会で参考人陳述を行った。食品安全委員会の設置を「科学者にこれまでに無い重要な責任を与えるものと受け止めている」とコメントし、リスク分析手法をより発展させていくことが課題であること、また、食品のリスクの科学的評価には不確実性が存在すること、リスクコミュニケーションがこの不確実性を消費者に理解してもらうための重要な手段であることを指摘した。だが、冒頭で述べたように、山内さんが委員を務めるプリオン専門調査会の審議は、米国産牛肉輸入再開を目的とする「月齢見直し」に誘導されるという残念な状況となっている。政治に左右されないリスク評価はどうあるべきか。歴史の中で人間と動物が共に築き上げてきたものを科学的評価にいかに反映させせるか。対談で語られた山内さんの悲願がこの新しい枠組みで実現されるのかどうか、これから注視していかねばならないだろう。ここでまた、社会への歩み寄りをいとわない科学者に出会えたことを私は嬉しく思った。

第6章

センス・オブ・ワンダー

――荻巣樹徳との対話――

「瞬時に植物の同定ができる人はほとんどいない。初めて行く地では不可能に近いです。植物を研究している人たちのほとんどは、踏みつけていても気づかない人が多いですよ」

「野生植物と、目的をもってつくられた遺伝子組換え植物を同じレベルで見てはいけない。それが人間の知恵だというのであれば、有用植物という認識でやればいいと思う」

（荻巣樹徳の言葉）

荻巣樹徳さんは、中国西南部を中心にフィールドワークを行う植物学者である。ベルギーのカラムタウト樹木園やイギリスのウイズレイガーデンで研究を行い、一九八〇年に改革開放後の中国に入国、外国人として初めて四川大学に留学した。移動距離は四川省を中心に二十五万キロ以上、七十種を超える新種や幻の植物を発見、欧米に紹介してきた。

代表的な功績はコウシンバラの野生種の再発見で、九五年には、植物学や園芸の発展に貢献した人に贈られる英国王立園芸協会ヴェイチー賞を受賞。二十世紀の代表的な写真を紹介した『ア・センチュリー・イン・フォトグラフ』（ザ・タイムズ）には、荻巣氏が再発見したクリスマスローズの野生種が「伝説的なプラントコレクター」という氏への賛辞とともに紹介されている。

その一方で、荻巣さんは、絶滅の危機に瀕する三千品種あまりの日本の伝統園芸植物の保存活動も行っている。伝統園芸植物とは、花菖蒲や南天、万年青《おもと》など、江戸時代の園芸家が彼らの価値観をもとに選抜育種し園芸品種化した植物のこと。現代に誕生した品種でも江戸の精神が受け継がれているものはそこに含まれるという。以前、フィールドワークを信条とする人がなぜ伝統園芸植物なのかと質問したとき、荻巣さんは、シーボルトが持ち帰ったモミジやフジをはじめ、ボケやウメ、サクラのさまざまな園芸品種がベルギーやオランダで大事に保存されていることに驚いたと語り、強い口調でこう続けた。

「文化と称するものはいろいろありますが、園芸文化は人間が作り上げた文化であり、人類にとっての未来の希望だと思うんです。今、環境問題が問われ、植物の存在は重要視されていますが、そういうこととは切り口が異なります。園芸植物は生きた文化遺産だと考えられていますし、そういうふうに考えられない民族は非常にさびしいと思いますね」

このとき私は、ナチュラリストの肩書きをもつ荻巣さんが、やみくもに自然保護を訴える環境保護主義者ではなく、あくまでも人間と植物の関係と文化を軸に自然を見つめる人であることを知った。

植物への科学技術の介入、たとえば遺伝子操作についての議論は、食品としての安全性や生物多様性を切り口に行われることが多い。だが、人類史が始まって以来の植物と人間の関係を考えれば、ここにもうひとつの視点を加えることを私は提案したい。それは、人間と植物の歴史を辿る作業である。未知の科学技術に向き合うときに何をすべきか。歴史は必ずや、その手がかりを与えてくれると思うからだ。園芸植物の原種を求めて旅をする荻巣さんは、まさにその実践者。この対論に登場していただきたいと思ったのもそのためである。

実は対談当日、荻巣さんから思いがけない朗報がもたらされた。二〇〇二年八月四日、八十年以上再発見されずに幻の植物といわれていたイリス・ナルキッシフロラ（黄色いアヤメ）とついに出会えたという知らせだった。

幻の黄色いアヤメ、イリス・ナルキッシフロラとの出会い

最相　再発見、おめでとうございます。

荻巣　いや、どうも。

最相　前回、同行取材させていただくはずが、残念ながら途中の土砂崩れで断念しましたので、今回のことは私も本当にうれしいです。

荻巣　一九九九年に初めて行ったときは、口蹄疫が流行して泣く泣く引き返した。それで去年の夏が土砂崩れでしたから。

最相　まさに三度目の挑戦が実を結んだわけですね。著書『幻の植物を追って』でも書いていらっしゃいますが、荻巣さんは、「幻」という言葉はいわゆる実在しないものという意味では使っておられないんですね。

荻巣　そうです。

最相　かいつまんで申しますと、十九世紀から二十世紀初頭に、園芸産業の発展や医薬品の原料となる薬草を求めて、イギリスやオランダなどのヨーロッパ諸国から植物資源が豊富な中国や中近東にプラントハンターとよばれる植物採集家が派遣された。幻というのは、そこで彼らが発見して標本にしたり雑誌に記載したりしたけれど、その後情報が途絶えて、確認ができないと考えられていた植物のことを指すと。

ということは、このイリス・ナルキッシフロラはそもそも、いつ発見されたものだったんですか。

荻巣　一九二二年七月ですね。スウェーデンのリディエスタランド（S. H. Liljestrand）という医者が四川省康定から北へ五十キロ入った大炮山《ダーバーシャン》で採集したまま不明になっていたものです。

最相　中国西南部は植物資源が豊富で、多くのプラントハンターが訪れたようですね。

荻巣　約束の地といってもいいくらいの場所が三か所あるんです。雲南省の大理、湖北省の宜昌、それから、今回行った四川省の康定で、成都から西へ三百三十キロほどのところです。康定は住民の九割がチベット族で、十九世紀の後半にたくさんのプラントハンターが訪れて標本を残しているんです。

最相　スウェーデンの医師もその一人と？

荻巣　ええ。ただ、彼が残したのは不完全な標本だったので長い間、実態がわからなかったんです。それが、一九九二年にイギリスの登山家が貢嘎《コンガ》山という七千五百五十六メートルの山をトレッキングしていたときに写真を撮影しましてね。その写真をキュー植物園に同定依頼したところ、それが「カーティス・ボタニカル・マガジン」誌の編集者で世界的なイリス研究者のブライアン・マシューの手に渡って、彼が同定したんです。今回、僕が行ったのも、彼に頼まれたから。そういう依頼はときどきあります。

最相　八十年ぶりの再発見ですね。

荻巣　ええ。イリスは北半球に広く分布していていろんなグループがあるんですけど、スウェーデンの医師が持ち帰った標本は地下茎もついていない実もない非常に「プア」なものですから、適当に分類されていたんですね。僕はその標本の状況がわかっていましたから、現地で、全体を調べました。実もできていましたね。

最相　どういう場所だったんですか。

荻巣　標高が大体四千二百メートルです。高山というのは春夏秋が一緒になるんですよ。非常に短い期間、秋の、たとえばリンドウと、春のタンポポが一緒に咲く。

最相　へえ、おもしろいですね。

荻巣　イリス・ナルキッシフロラは、中国の文献では四月ごろから咲くって書いてあったたんですけど、大きな間違いで、七月中旬から八月の上旬にかけて咲くんです。一番気温の上がる二か月間に花をつけるものはつけるし、実もつける。八月上旬に咲いたものは気温が下がりすぎるので実はつけられませんけど。

最相　それは、高山植物の特徴ですか。

荻巣　いや、違うと思いますね。これは本当に特殊なイリスだと思います。七月中旬から八月上旬の間のいろんな時期に花が咲く。そういう遺伝子を持つ個体だけが残ったんでしょうね。もし七月上旬だけに集中して咲いてしまうと、うまく受精できなければ絶えてしまいます。だから、開花期にキャパシティがあるというか、個体ごとに異なった時期に咲くものが混在しているのではないかと思います。そういうのを多様性というんだろうと僕は思うんだけれども。

最相　多様性という言葉はよく耳にしますが、今のお話でなるほどと思いました。荻巣さんは植物に会うと決めると、準備に年単位の時間を費やされるそうですね。クリスマスローズの野生種を再発見されたときは、野生種から園芸種まであらゆるものを取り寄せて枯れた状態まで観察してから出かけたと。

荻巣　これから出会う植物に対するマナーですね。イリスは栽培歴が長いですから、葉を見るだけで同定できるほど熟知しているつもりではあったんですけど。

マナーというと、僕は、四川省の分厚い地図を眺めて寝るんですよ。拡大した地図や全体の地図を頭に叩き込む。イメージトレーニングみたいなものですね。人間に対してはあまりそういうことはできないのですが、植物に対してはそうするんです。

最相　それだけ準備しても、断念しなければならないこともあるとか。

荻巣　ええ。九九年に初めて行ったときは、運転手とガイドと現地の二人と僕、あと馬六頭で、テントやプロパンガス、食料を積んで出かけたんです。康定から楡林までは車で行けるんですが、そこから目的とする場所までは馬か徒歩です。

最相　森林限界は標高何メートルくらいですか。

荻巣　もうずっと下、三千七百メートルぐらいなので、そこから上は矮性のシャクナゲが主体ですね。途中の峠を越えるときは植物はほとんどありません。八月ですけど寒くて、峠は雪でした。結局このときは、口蹄疫で峠から先は入れないといわれてね。僕は、自分が移動するのと一緒に馬も口蹄疫をもって移動するから、病気が広がることがわかっている。中国はヤクを一頭処分しても百円にしかならない国です。かわいそうですよ、自分の欲望のためにそんなことするなんて。だから、本当につらかったですが引き返しました。

昨年は昨年で、瓦斯《ガス》という場所で土砂崩れ。こういうときは、今回はあきらめてもっと勉強しなさいということなのかな、授業料が足りなかったかな、と素直に受けとめるんです。

最相　自分の利益や効率だけを考えていればできないことですね。今回も、馬ですか。

荻巣　ジープで行けるところまで行って、あとが馬。

最相　ガイドはいたんですか？

荻巣　ええ、いい青年でね。九九年の旅のときに、六巴《リュード》という大きな集落で、王龍西から来たという共産党幹部に道をたずねたとき、逆に王龍西まで車に乗せてほしいと頼まれたんです。その幹部の息子が成都の西南民族学院に通う学生でして、彼がガイド役になってくれたんです。だから、八月二日に康定をジープで出て、途中馬に乗って、三日には王龍西の彼の家に泊まりました。それから王龍西に沿った河岸段丘を馬で水平移動して、四日には目的地に到着しました。海抜四千二百メートルです。

最相　土砂崩れは大丈夫でしたか。

荻巣　ええ。道さえよければ早く行けます。逆に、道で何かあったらもう進めない。

最相　イリスと出会った瞬間のことを少し詳しく教えていただきたいのですが、到着されたのは四日の……。

荻巣　午後二時ごろです。とにかく遠いですよ。チベットの人たちは、やあ、簡単に行けるから大丈夫というんだけどね（笑）。彼らでも一日ではやはり無理だったと思います。二時間ないし三時間は調査しなくちゃいけないですからね。それと、イギリス人登山家の情報だけじゃなくて、僕も新しいロケーションを見つけなくちゃいけないって気持ちがあったんで、よけいに時間がかかりました。

最相　どんなに栽培経験をお持ちでも、どんなにイメージトレーニングされていても、未知の土地ですよね。目指す植物を探しだすというのは大変なことだと思うのですが。

荻巣　広い地域で植物を見つける場合は、乾燥しているところと湿地帯をチェックしてまず地図に線を引くんです。今回は、日帰りしたかったので時間との戦いになりましたが、どんなときも北側斜面はチェックしますね。

最相　なぜ、北側なんでしょうか。

荻巣　南側は乾燥し過ぎてだめですが、北側は植物が非常に豊かなんです。その線を、道があれば道を、馬で移動していく。四千二百メートルぐらい、ちょうど峠の中腹に差し掛かったときにありましたね。こういうのは神様が引き合わせてくれるのかな。すぐにわかりましたよ。これ、写真ですけど（次頁参照）。

最相　不思議なかたちをしていますね。

荻巣　普通のイリスの仲間は花菖蒲のように六枚の花被片のうち三枚の内花被片が立っているんですけど、ナルキッシフロラは、本来の内花被片が立たずに肥大化してすべてフラットになっているんです。葉の出方も花菖蒲のように花茎には葉がつかずに、花茎から一・五センチから四センチほど離れたところから一枚だけ細い葉が土中から伸びています。咲き方も単独ではなくて、金露梅やシャクナゲの中からシュッシュッシュッと出てるんですよ。

最相　黄色が一面にわあっと広がってるわけではないんですね。

荻巣　そうですね。それから、日本のアヤメやカキツバタの実は、熟すと上から割れますけど、ナルキッシフロラは横から割れたんです。前に中国の学者が報告していて確認したかったんですけど、正しかったですね。そういうことって大事で、フィールドワークしなければわからないことなんです。本当は分類学者がしなくちゃいけないんだけど。

写真提供：荻巣樹徳

最相　え、分類学者はフィールドワークはしないんですか。

荻巣　する人もいますけど、昔はしなかったですね。えらい先生方は採集家が集めてくるのを見て分類するだけでしたから。昔は大半のプラントハンターはただ集めるだけだったんですよ。スウェーデンの医師の標本だって、ボタニカルコメントは全然書かれていなくて、ただ「レア」とあるだけ。コレクターの大半は自分が採集したものが新種かどうかはほとんど認識できないですね。だから、集めたものをパリの自然史博物館やキュー植物園に送って同定してもらう。名前をつけるのは分類する人で、そのとき採集者の名前をつけたりするわけです。

でも、僕は分類には興味がない。相手の名前を同定したいから、やむを得ず分類も多少心得ているだけです。できることなら、どんな地域に行っても三分の一の植物が瞬時に同定できるようにしたいですね。

最相　それは、可能なことでしょうか。

荻巣　そんなことができる人は世界にほとんどいませんよ。初めて行く地でそれは不可能に近いです。分類学者に限らず植物を研究している人たちのほとんどは、踏みつけていても気がつかない人が多い。わからない人はわからない、いくら植物やっておられてもね。どこかに間違いがあるんでしょう。じゃあ、コンピュータに画像を記憶させて要領を覚えさせて、瞬時に同定できるかといったら、それも無理なんです。同じものを見ても、いろんなことを判断するんですね、人間というのは。

最相　業者の方で、バラのとげや葉だけで見分ける人がおられますね。

荻巣　あれは勘じゃなくて経験ですが、そこにすごいノウハウが入っているんです。僕もそういうトレーニングを積んでいるから、初めて行く地域でも、瞬時に三分の一は同定できるようにしています。千種類ある場所なら三百から五百は知っていなくてはいけない。今回のイリスは三十種ぐらいの植物と混生していましたけど、ほとんど同定できました。

最相　植物に会って、名づけることでその名前を通じて新しい世界が開かれるというのはすばらしいことですね。植物であれ動物であれ、名前をつけて名前を覚えるということは、人間が自然を慈《いつく》しむために身につけた知恵かもしれないとも思います。

この再発見で、イリスに新しい「亜属」が立てられる可能性も高いわけですね。

荻巣　僕はそう思うけど、ブライアン・マシューがどういう判断をするかですね。ただ、分類学というものは、基本的に分類しておいた方がいいと考えるんです。とりあえず違いだけでも把握しておく。違いを明らかにするのは非常にいいことで、DNAが同じだとわかったら同じにしたらいい。でも、とりあえず分ける。

最相　それは、なぜでしょうか。

荻巣　同じナルキッシフロラでも、乾燥地と湿地では遺伝子レベルで違うんです。高度によって耐寒性や耐暑性が異なる遺伝子を見つけることもできる。僕は、遺伝子レベルの収集が大事だということをいつもいっています。昔みたいにナルキッシフロラだけを集めたらいいわけじゃないですね。一つの種でもいろいろ見て評価しないといけない。

今回は二か所しか見つけてないけど、できればまた違った地域でやってみたいと思ってます。気になっていることがまだまだあって、たとえば、なぜ花色が黄色のものが残ったのか。中国西部の高山のアヤメ属の多くは青紫色のものが多くて黄色は少ないんですよ。同じ時期に黄花のポテンティラ・アルブスクラが咲きますので、そこに来る訪花昆虫と関係があるのかなと思ったりもしてね。次はゆっくりキャンプを張って調べさせてもらいます。

僕は興味をもつと、春夏秋冬の状態を見に行くんです。クリスマスローズのときは十回以上行きましたから。

研究者といえど加害者である

最相　ガイドの青年は地元出身だから道や植物のことをよく知っていたんですね。

荻巣　道は当然知っています。小さいときから、夏になると、ヤクの放牧でこういうところへ行っていたわけです。

最相　イリスは知っていたんですか。

荻巣　それは全然知らない。

最相　えっ、知らないんですか。

荻巣　有用植物以外は、彼らにとっては単なる雑草なんです。いくら美しい花をつけても、イリスは興味の対象ではなかったです。

最相　有用植物の中に園芸植物は含まれるんですか。

荻巣　いや、入ってないですね。有用植物というのは要するに作物です。食べられるものか薬用。今回、僕はネギの新種も見つけましたけど、ネギは食べられるから、彼らはすぐにわかりましたね。僕が知る限りでは絶対に新種だと思ったんで、彼にいただいていいかと聞いたんです。「大丈夫だ。どんなのがいいのか」というんで、花が咲いているのと実のついているのがいいと頼んだら一生懸命掘ってくれましたね。彼らは、食べられる植物と薬になる植物については非常によく知っています。その横にユリもあったんですけど、「これも食べられるんだ」って（笑）。

最相　あくまで、彼に掘ってもらう。

荻巣　そう。やっぱり、彼らの植物だという認識を持っているわけです。たぶん、僕が前川文夫先生の影響を受けているからだと思いますね。前川先生は進化生物学のパイオニア的な方で、一緒にフィールドワークすると、必ず聞かれたんです。僕の植物じゃないけれど、荻巣君、これ一株いただいていいかなって。それで、全部掘るんじゃなくて、根を少しつけてナイフできれいに株を外す。こういうことが植物に対する最低限のマナーだし、教養だと思うんですね。

最相　でも、自分たちの土地の植物が外国人によって再発見されることを地元の人たちはどう思っているんでしょうか。

荻巣　いや、僕は何もいいません。珍しい植物だともいいません。よくないことですから。ただ、自分が採集の許可を得ていても、地元の青年には同意を得るようにしています。

最相　本の中で、ご自身を振り返って「研究者といえども、加害者である」とお書きになってますね。いかに学術目的であろうと、採り方を知らない人間は採ってはいけないと。

荻巣　そうです。採り方を知っている採集家は、必ずバックを残すんです。

最相　「バックを残す」とはどういう意味でしょうか？

荻巣　たとえば、ランの場合、株の前方へ向かって芽が出てますけど、この前の部分だけ採って後ろを残せば、二〜三年で元通りになって、その後何年も採集ができるんです。でも、ルールを知らない、とくに園芸業者があとさき考えずに乱獲すると、大変なことになってしまう。僕が再発見したクリスマスローズの野生種なんか、二年もしないうちに中国人がインターネットで販売し始めましたよ。開花期には日本からツアー客が来るし。

最相　経済価値があるとなったら、どうしても商売にしますよね。

荻巣　最近は、中国も植物を持ち出すことに神経質になり始めていますので、園芸家は一度議論しなければなりませんね。山採りの植物は売買の対象にしてはいけないとか、実生《みしょう》でなければならないとか、あるいは栄養繁殖でなければならない、などというようにルールを決めなければなりません。

科学に必要な時間軸

荻巣　最相さんは、青いバラについて取材されましたけど、何ていうのか、遺伝子の組換えをしてまで、ああいうのをつくるのはどうなのかなとは思いますね。

最相　科学的興味として追求しがいのあるテーマだとは思いますが、過去数百年にわたる育種の歴史を無視して小手先で遺伝子だけ操作してもなかなか本当の青にはならないところが、自然の複雑さではないかと思います。荻巣さんは、たとえば、砂漠のような乾燥地でも育つ植物や、耐塩性のある植物を遺伝子組換えでつくることはどうお考えになりますか。

荻巣　野生植物と、目的をもってつくられた遺伝子組換え植物を同じレベルで見てはいかんと思いますね。それが人間の知恵だというのであれば、有用植物という認識でやればいい。ただ、現植生を脅かすものであってはいけないですよ。ハーグの国際会議で話し合われましたけど、遺伝子操作以前に、動物や淡水魚で遺伝子汚染がすでに深刻な問題になっていますね。遺伝子組換えは、僕は好きじゃない。好きじゃないけど、本当にそれが必要であれば、それがサイエンスだというなら……ね。

最相　荻巣さんのお考えになる、サイエンスとは何なのでしょうか。

荻巣　ほかのみなさんのほうが問題意識を持っておられるから、僕がいう必要はないと思うんだけれども（笑）。

最相　いえ、ぜひうかがいたいです。

荻巣　うーん、それは、やっている方々が、「これがサイエンスだ」と思いこんでいるのが一番危険ですよね。友人にもよくいうんだけど、DNAの解析、分析はサイエンスとはほど遠い。機械がほとんどやっているわけですから。でも、それを「科学だ」と周りの人たちが思い込ませているわけです。

人間がつくるものと、自然がつくるものの大きな違いは時間軸です。偶然の発見やハプニングも大事ですけど、時間の意味するところはそれ以上に大事なんです。でも近年の科学には時間軸が感じられませんね。

最相　クローンや遺伝子組換え技術はその最たるものに思えます。もちろん、それに気づいている科学者もおられるのですが。

荻巣　話がそれてしまうけれども、人類が犯した二十世紀最大の過ちというのは何かというと、やはり、僕は社会主義だと思うんですね。社会主義で成功した話は一つもないです。二十二世紀初頭には、多くの人が、コンピュータの発展が二十一世紀に人類が犯した一番大きな過ちだというでしょうね。そういう中に、遺伝子組換えやクローンなどの技術が入らないように希望します。

最相　どうすればよいとお考えですか。

荻巣　健全な考え方というのは、やはりバランスだと思うんです。自分が右側にいるから、左の人を批判するというんじゃなくて、左を認めながら自分も守っていくというような形はとり続けたいと思います。

僕はよくプラントハンターと呼ばれるけど、ハンティングは僕の主目的ではないんです。まして、自分が育てられないものは絶対に持ち帰りません。でも、やっている行為はハンティングだといわれれば、ある部分、謙虚にそうかと思う。遺伝子組換えも同じじゃないですか。やっている方々が偏った考えでやらないということが大事じゃないでしょうか。

最相　そうすれば、いい仕事につながっていくでしょうか。

荻巣　そう思いますね。今、多くの人がコンピュータに疑問を持ち始めていますよね。僕はこだわっているわけじゃないけど、ああいうものを使わないようにしているんです。コンピュータおたくの友人から、僕は使う側でなくてコンピュータに中身を入れる立場の人間だから、そちらに回ってほしいといわれたことがあってね。もちろん、便利だとは思います。ノートパソコンに情報を入れて持ち歩いてフィールドで仕事できたらね。だけど、どこか退化していく部分があるということを忘れたらいけないですね。

最相　それは日々、恐れております。ただ、そんな話を若い科学者にしたところ、「最相さんはその年になってパソコンを始めたからそう思うんじゃないですか。僕たちは物心ついたときからこれが普通だったんです」といわれました。「退化」と「変化」はどう違うのかと考えこんでしまいました。

荻巣　さっきいったような、とげや葉だけで植物を見分けるような、自分しか持っていない特殊な能力というか、アイデンティティは侵されると思いますよ。科学者は本来、そういったことを普通の人以上に早く気がつかなくちゃいけないんだけれども……。

僕は、よく自問自答するんです。なぜ自分はこんなところに何度も、しかも、自費で行っているのかなって。昨日もふと、なぜこんな中国の奥地へ行ったのかなと思ったんです。それは、わからないことが多いから、知るために行くんですよね。いろいろこむずかしいことをいっても始まらない。一生続けたって、わからないことの方が多いわけだからね。

荻巣さんの生まれは、愛知県尾張である。伝統園芸植物の栽培が盛んだった土地で、植物に囲まれて育った。近所には、江戸時代からの栽培技術や観賞作法を荻巣さんに伝授してくれる明治生まれの好事家や仏師、栽培家がいたという。枕元に鉢をおいて寝るほど植物が好きだった荻巣少年のそばには、少年のＷＨＹを全身で受けとめた人々がいたのだ。

今、子供たちのＷＨＹを受け止められる人はどれだけいるのだろうか。それ以前に、ＷＨＹを発することのできる社会だろうか。

荻巣さんは、ここ数年は好きなフィールドワークの数を減らし、伝統園芸植物を保存するための運動に取り組んでいる。この試みが時代を超えて受け継がれていくことを私は切に願う。日本は、こういう人を大事にしなければならないのではないだろうか。

第7章

日本人の死生観

——額田勲との対話——

「きょうび、中高生がコンビニへ行くような感覚で中絶するような、人間の生誕に対しては粗雑な日本社会が、こと、死の問題になると全然違うということです」

「震災後、死者は高齢の女性が圧倒的に多いという新聞報道に接したとき、こういう記述がまかり通るのが今の社会で、それが脳死問題のひとつの側面でもあるなと思った」

（額田勲の言葉）

額田勲さんは、神戸市西区の神戸みどり病院院長（現・理事長）である。京都大学薬学部、鹿児島大学医学部を卒業後、北九州市の病院などを経て、一九八〇年、数十人の医師仲間の支援を得て、約二十床のみどり診療所を開業した。「在宅医療」という言葉などまだなく、診療報酬も不当に低かった当時から、地域住民の往診を行い評価を受けていた。うかがったこの日も、白い字でみどり病院と記された赤い往診車が国道を走るのを見かけた。

額田さんは、医療関係者と一般市民で構成される神戸生命倫理研究会の代表でもある。今でこそ全国のあちこちに生命倫理と名のつく研究会が存在するが、額田さんが八七年に設立したこのグループはそのさきがけとなるものだ。終末医療のあり方や脳死臓器移植などの先端医療について研究会を行い、阪神淡路大震災後は仮設住宅のある地域に仮設の診療所を設けて災害医療と孤独死の調査を行った。額田さんの著書『孤独死』は、学術調査の領域を超え、たった一人で死んでいった人間の人生をその生い立ちまでさかのぼり、現代社会の矛盾や歪みをあぶりだす、まさにジャーナリストの仕事だった。

額田さんのお話をうかがいたいと思ったのは、一個人の生と死、地域医療といった視点から先端医療を見ておられること。そして、ゲノムや再生医療までいかずとも、すでに人工呼吸器やIVH（中心静脈栄養）といった高度医療技術によって引き起こされている「生かされながら死んでいく」終末医療の実態とその問題点を提起されていること。とくに『いのち織りなす家族』で書かれた、「このような死生観の歪みはわれわれ個別の強い意思でただしていくほかないだろう」という一文に深い共感を覚えたためだ。

地域医療に重点を置いていた額田さんがなぜ生命倫理の研究会を発足させ、脳死臓器移植や終末期医療の問題提起をされるようになったのか。まずは、これまでの経緯からうかがうことにした。

今なぜ日本人の死生観を問い直す必要があるのでしょうか

最相　みどり病院を開設されたのは一九八〇年ですが、当初から在宅診療を医療の一環としてとらえておられたのですか。

額田　そのことについては少し胸を張っていえるんです。当時は今のように在宅医療という言葉もなかったし、往診はコストに合わない、労多くして功、報酬も少ないということで非常に敬遠されていた時代なんです。ですが、がんの末期の方のもとなどへ、最初のころはものすごく往診しましたね。今のように在宅がもてはやされる時代じゃなかったですから非常に重宝がられて、かなり遠方まで出かけた記憶があります。

最相　在宅医療が将来重要になってくると思われたのは、なぜだったのでしょうか。

額田　それは地域医療の必要上、避けられないことでしてね。今は介護保険などのからみから政策誘導で在宅医療にもある程度の診療報酬が認められるようになりましたけど、当時は考えられない状況だったんです。一時間から二時間かかって一人の人を往診して帰ってきても数千円にも充たないというような、コスト・アンド・ベネフィットからいえば話にならないような時代でした。医療不信のひとつとして、往診を頼んでも医者が来てくれないということがありましたから、市民社会からは非常に喜んでもらえましたね。

最相　神戸の地域性は影響しましたか。

額田　いや、全国どこでも同じような状況だったと思いますよ。離島の医療なんか特にね。医師になる人が今の半分以下、医師の人数自体も約十万ぐらいの時代ですから。

最相　患者さんはどんな方々でしたか。

額田　ことに特徴があるということではなかったですね。

最相　高齢者というわけでもない……。

額田　今と時代状況が全然違います。まだ高齢化社会以前ですから。

最相　そうですね。それで、八〇年代後半ごろから脳死臓器移植について発言されたり、著書を発表されたりするようになりますね。地域医療とは対極にあることのように思えるのですが、なぜ、最先端医療である脳死臓器移植に関わられるようになったのか、そのあたりの経緯というのは……。

額田　そのときは今のような状況を迎えるとは思っていなかったんですけど、医療の現場でも高度技術が跋扈《ばっこ》し始めたというか、特に人工呼吸器の存在があったんですね。今に比べればはるかに原始的なものですけど。

先日、川崎協同病院で患者の人工呼吸器の気管チューブを抜去して筋弛緩剤を投与して死亡させた事件（九八年十一月発生）が明るみになりましたね。ああいう——といっても川崎協同病院の事件を指すわけじゃないですけど——人工呼吸器をめぐって患者さんや家族とトラブルが起こることは、もう必至だと当時から思っていたんです。高度医療技術はすさまじい勢いになるなと。そんな矢先に脳死問題が浮上しました。脳死は人工呼吸器なくしてありえない病態ですので、これは看過できない問題ということになりました。僕も若かったし、社会的な問題への意識が強かったですから、ちょっと放っておけないなという感じでしたね。

最相　臓器移植について書かれた本で「木を見て森を見ず」、つまり、「臓器を見て人間を見ず」ということを強調しておられますね。それは昨今の再生医療やゲノム医療にもそのまま当てはまるように思います。

人間を還元的に解釈していくというのは、あくまでも西洋近代医学の導入以降与えられた価値観ですから、脳死の問題が起こったときも、そんな簡単に日本人の死生観は変換するものではないと感じたのですが、それだけに議論は紛糾しました。

額田　今になって思うんですけど、現代社会の特徴は大きく二つあって、一つにはやっぱり高度技術社会であること、二つには高度情報社会であることですね。社会主義圏が崩壊した最大の問題はこれだなと僕は思っています。

昔、学生運動をやっていたころに、多少マルクス経済学の本を読んだり勉強会をやったりしていまして、経済学の法則として人類の歴史の発展の向かうところは社会主義の方向だと考えられていましたが、あるときそうではなくなったわけです。マルクス経済学の指摘する行き詰まりを資本主義はどう打開したかというと、経済体制の上でハイテクという新たな生産手段を開発して、古典的なマルクス経済学の人が及びもつかなかったような富の生産に成功したことですね。それは医療の世界でも同じです。脳死やゲノム医療……飽くなきほどすさまじい勢いですね。

最相　ええ、ほんとうに。

額田　アメリカの経済学者、J・K・ガルブレイスがいっていることですが、人類の歴史というのは、必要があって生産が生まれるというのが当たり前のセオリーだったんですけれど、今は携帯電話一つとってみても、生産から需要がつくり出されて、それがまた生産の原動力となっているという、いびつな面を抱えていますね。高度技術が結局それを可能にするわけですけど、医学医療の分野でも同様のことはあるわけです。ですから、ある時点から完全に価値観の分裂が起こる。脳死でも何でも、社会的コンセンサスを得るのは極めてむずかしい。そういう時代にもう突入しているということですね。

最相　脳死議論以前に、価値観の分裂が起こり得るとお感じになっていましたか。

額田　脳死に取り組んだのは、そういうことを感じたからですね。病院の仲間からは、冗談まじりですけれど「気が狂ったんじゃないか」「こんな地域のちっぽけな病院でなんで脳死問題なんだ」といわれましたね。新聞記者の人からも、なぜあなたが、とよく聞かれましたよ。

最相　医療側としては、脳死を認めることによって新たに医療が発達するのだから、認めるべきではないかというようなプレッシャーはなかったのでしょうか。

額田　この問題には、絶えず思い悩むような側面がありますからね。はっきりと、確信をもってということではなかったです。一歳にならない子供の心臓移植に反対するようなことはどうか、という思いがないといえばうそになりますね。それだけ問題の性格が複雑で、一言でいえば、解答のないところに解答を求めるようなことを常に突きつけられるというようなところだと思います。

最相　一九九九年二月に脳死臓器移植が始まって、今のところ二十三例（二〇〇二年十一月現在）ですね。この現状をどうお考えになりますか。

額田　僕は、そのものずばり、健全だと思っています。

最相　なぜそうお感じになるのでしょう。

額田　脳死論議が何を問うているかということを正確に見なければならないと思います。といいますのは、これは人間の意味とか価値のすべての体系を根幹から問うている問題、人の生死にかかわる問題ですから。

日本は先進国では例がないほど、議論が紛糾して第一例がずいぶん遅れました。それはなぜだったかというと、数字に現れない社会的合意という意味では、根強い慎重論が主流だったんですね。医学界のトップも、立場上は脳死移植は必要だというけれど、本心では、そういう薄気味の悪いことはやってほしくないという人が圧倒的でした。医学界の名士、井形昭弘・元鹿児島大学学長も、著作を読んでもらったらわかりますが、明らかに脳死には慎重でした。彼は脳死に関する臨時調査会の委員になって立場上変わらざるをえなかったのですが、良心的な医学者には慎重派が多かったんです。和田移植による医療不信がいわれましたけど、それより、あそこまで頑迷とも思われる慎重論があったのは、日本人の死生観の反映そのものなんですね。

最相　日本人の死生観、ですか。

額田　ええ。僕が脳死と臓器移植の問題の研究調査を始めた時点で、一番瞠目しなければならないなと思ったのは、その問題です。きょうび、中高生がコンビニへ行くような感覚で中絶するような、人間の生誕に対しては粗雑な日本社会が、こと、死の問題になると全然違うということです。死刑制度の賛否を世論調査で問うと、八〇パーセントの支持率です。今はもう国際的にも死刑制度は廃止の方向だというのにね。では、なぜ死刑制度を圧倒的に支持するのか。それは日本人が死を、歴史的に社会規範として大変重く位置づけていることだと思うんです。

欧米との比較でわかりやすいのは、たとえば、えひめ丸事件（二〇〇一年、ハワイ・オアフ島沖で宇和島水産高校の実習船がアメリカの原子力潜水艦と衝突し、沈没。乗員九人が行方不明に）で、アメリカは船を引き上げてもしかたがないと補償金の話をしましたけど、日本の遺族は徹底して遺体にこだわりました。これは、日本人が一般的な意味でいう欧米のような宗教をもっていない、宗教が根づいていないというところに行きつくと思うんです。

日本人は、死んだお父さんやお母さんを祀るように、先祖崇拝を私たちの宗教に代えていく。だから遺体が重要です。武士の時代に美化された殉死や特攻隊も現代社会にどう影響を与えているのか見ていく必要がある。そんな具体的なところから日本人の死生観を解きほぐしていく作業が脳死論議で広範になされたことに大きな意味があったんですね。

最相　『脳死・移植の行方』で、「何千年以上もかけて培われてきた精神的な秩序（死生観）が、たかだか建国二、三百年の米国のそれに安易に同化してしまうような動向には強い抵抗があった」と書いておられますね。

額田　ええ。一つの特徴としてこういうことがいえると思います。推進派の論理は、臓器を提供したいという善意の人がいて、移植によって助かるという人がいて、その仲立ちができる医者がいる。当事者がみなよしとするのに、それを実践してどこがいけないのか。脳死を認める人の論理はもうすべてこれなんです。それ以外の論理はないんですね。

最相　不妊治療や再生医療も、全部同じ論理です。

額田　はい、同じ論理です。ところが、他方、脳死に反対する人や慎重論の人の意見を聞くと、これが実に多彩なんです。もう百人百様といっていいほど理由が違うんですね。つまり、死生観とは本当は非常に多彩な、多面的かつ重層的な価値観に根ざす、はかり知れない奥行きと深さをもっているということなんです。この、らせん状にもつれ合う、絡み合う複雑な体系をどう考えていくかということは今も現実の課題ですね。

最相　死生観に関連していえば、額田さんは「新・人体の不思議展」はご存じですか。

額田　いえ、なんでしょうか。

最相　プラスティネーションといって、死体に特殊な防腐処置を施してから輪切りにしたり皮や筋肉をはがしたもので、そもそもは医学教育用に作られていたものですけど、これが一般に有料で公開されているんです。私は大阪の会場に見に行きましたが、若い女性やカップルがきゃっきゃいいながら脳やお尻の皮を触っているのでびっくりしました。死体への畏れも敬意もない。モノのようにもてあそんでいる。献体したのは中国人だそうです。遺体が大切だというお話がありましたけれど、どうなんでしょうか。日本人の遺体は大切だけど、自分には関係ない、異なる価値観で提示されたものに対しては、案外無頓着ではないか。日本人の死生観には、内と外というのでしょうか、そういう区分けのようなものが存在するのではないか——そう感じたんです。募金を集めて、海外で心臓移植することに対してはみんな協力します。

額田　今ほど、死生観を問われなければならない時代はないということでしょうね。なんといっても、若者にドナーカードを真顔で迫る社会ですから。若者の方も、時代状況に迫られて、直感的な善意でドナーカードをもつ人が少しずつ増えてきています。

最相　そうですね。

額田　オウムや少年Aの事件、バス・ハイジャックなどを見ていると、根源的なところは大きく揺らいでいるのではないかと思います。なにも、古くからある日本人の死生観がすべて善だという前提で何かをいうつもりはありません。日本人の死生観の誤った一面が、六十年前の大戦争を引き起こしたといえなくもないような側面がありますから。善の部分はあるし、誤った部分もある。その上で、死生観が揺らいでいる。好ましい現象が起こっているのか。それとも否定的な現象があまりにも多いのか。そう考えると、日本人の死生観というのは、おおむね今までは健全な部分をたくさんもっていたのではないかと見てもいいだろうと、僕は思っているんです。

震災と孤独死

最相　阪神淡路大震災が起こったときは、もう脳死論議どころではないというような勢いで被災地に入られたそうですね。

額田　観念的には脳死の問題もやりたいんだけど、目の前に何も考えられないような惨状があれば、医者として、人間としてそうせざるをえなかったということですね。

最相　私も実家が神戸なので、当日東京から戻りました。においと異様なまでの静けさに言葉もなかったのですけれども、額田さんが実際の医療に取りかかられたのは、どの時点からだったのですか。

額田　僕の家は垂水区にあって自分も大変なことになったんですが、一番に病院のことが気になって向かいました。途中、新幹線の陸橋が落ちてたりしましたから、これは大変なことだなど。病院も大変でしたけど、人身事故がないことを確かめて、あとはほとんど毎日のように、被災地へ入って実情を調べました。走り出してからいろいろ考えたというような状況です。

最相　私は母校の住吉小学校で手伝いをしながら取材をしていたんですが、そこに、八尾総合病院の森功先生が救急隊として入られていました。震災後、森先生は救急医療について活発に発言されてますが、額田さんの場合は、仮設住宅で災害医療に対応されながらも、孤独死に重点を置いていかれましたね。

それは、一人一人の多様な生というものを見つめなければ医療は考えることはできないし、いかに死んでいくかということも見ることができない、ということ。そのようにお考えになったきっかけは何だったんでしょうか。

額田　やっぱり、十年近く脳死に取り組んで、死の根源的な問題を僕なりに考えてきたというところが大きいですね。大きいというか、ほとんどじゃないかと思います。

震災後、死者は高齢の女性が圧倒的に多いという新聞報道に接したとき、こういう記述がまかり通るのが今の社会で、それが脳死問題のひとつの側面でもあるなと思ったんです。七十五歳以上の五人に四人が女性というのが高齢社会ですから、震災が起これば高齢の女性がたくさん亡くなるのは必然です。そういう生と死が一面的にくくられてしまうことは許されない。ちょっときざですけど、そういう思いが強かったですね。孤独死には間違いなくアルコール依存症の問題があるということを知っていましたから、仮設住宅でそれを実証的に診療に生かしたいと思いました。

最相　復興住宅では高齢者の孤独死が非常に多いという新聞記事を最近読みましたが、孤独死に地域的な特徴はあるんでしょうか。

額田　地域特性みたいなものはあります。東京や横浜に調査に出かけたことがありますけど、一番悲惨なのは不法入国の外国人です。大阪のあいりん地区にも通いましたが、大阪は大阪で類似の特徴があります。まだ手がつけられていないのが北九州で、亡くなってから発見されずに蛆《うじ》がわいているような悲惨な亡くなり方が多いようです。

最相　神戸の特徴はいかがでしょうか。

額田　あたりまえですけど、大災害下の孤独死ということですね。メディアが最初に「孤独死」と書いたのは、仮設住宅で一人で死んでいただけの話。一人で死んでいたら警察の検死が必要ですから異常死体、それをマスメディアが孤独死と呼んだんですね。

だけど僕が新たに規定する孤独死はそうではない。年収百万円前後の低所得者層、つまり生活保護を受けている人たちで、しかも慢性疾患があって低水準の住宅に住んでいる。だから、病院で死んでも、孤独死はあります。現代社会の死の一つの特徴です。人はみな生きてきたように死んでいくといいますが、孤独死の調査においても、死の本質から生の本質がみごとにあぶり出されてきました。

生命の倫理、いのちの倫理

最相　神戸も、ポートアイランドに先端医療センターや理化学研究所の発生・再生科学総合研究センターができて、ずいぶん風景が変わりましたね。企業が次々進出していますし、海外で活躍していた日本人研究者も呼び寄せられて、世界最先端の再生医療研究やゲノム新薬の治験、開発などが行われています。空港が開港すれば、神戸市は医療特区として変貌を遂げるといわれています。

ただ、神戸が医療都市としてよみがえるのは喜ばしい一方で、六千四百三十三人もの犠牲者をだした都市が選ぶ医療が、はたして先端医療でいいのかという疑問が私の中にあります。寝たきりや痴呆といった高齢者の問題、終末期の在宅介護を支える地域医療の整備も不十分というシステム上の問題もありますが、ただいたずらに十年、二十年の延命を約束されてもほんとうに幸福なのかという、人間の生き方の根本に関わることのようにも思えるんです。

額田　東京へ出かけますと、神戸の医療産業都市の問題はどうなっているかと、よく指摘を受けます。僕も考えるところは大いにあるんです。

最相　額田さんが調査をされてきたような実態をフォローするものとは違う方向に進んでいるように思えますね。

額田　神戸生命倫理研究会というのは、おそらく日本で一番早くできた生命倫理の研究会だと思います。ですから、僕もそこのところにこだわりがあって、生命倫理ということもよく規定してかからないといけないな、と思っています。

僕が根源的にそれを考えるときの軸はこうなんです。一つは、「生命の倫理」。脳死のようにICUという科学的に整備された特殊な状況で人の生死に関わる問題を考えるときのものをそう呼びたいと思います。アポトーシスのような一生物の細胞の死や、細胞が集まった臓器の死も、そこから規定できますね。

もうひとつは、「いのちの倫理」です。人の死を考えるときに、科学的には何時何分に心臓がとまって死んだといいますね。でも、本当の人の死というのは、初七日があって、一周忌があってと、徐々に死んでいくと思うんです、社会的には。医師のいう生命と違って、市民社会でいわれる生命は百人百様です。これが、「いのちの倫理」です。

そもそも生命倫理の根源は、医療経済です。Aという問題にどれだけお金をかけて、社会的な意味がどれだけあるのかという、コスト・アンド・ベネフィットですね。

最相　ヘルスケア財源の分配や医療費をどう抑制するかといった問題ですね。

額田　神戸の議論で俎上に載せられるのは、今は一〇〇パーセント「生命の倫理」です。これをものの善悪で論議するのは簡単です。でも、実態経済の問題、たとえば不況で自殺者が急増しているという社会問題があるとき、もし経済の活性化が人を救うという側面もあるなら、その見きわめは相当多面的、重層的になされなければならないだろうと思いますね。

最相　ただ、医療に企業経済が入り込むと、そこから抜け落ちていく大事な部分がたくさんあるのではないでしょうか。小児医療とか長期入院が必要な医療、十分な人員配置ができないといったことも……。

額田　それはもう必至だと思います。絶対に間違いない。でも、だからといって、それだけで議論していいのかということです。今はまだ、ＩＣＵや顕微鏡下での細胞の死といった「生命の倫理」の議論ですので、状況を注意深く見ていようと思っています。「いのちの倫理」に抵触するようなことがあれば、それは許すべきではありません。

いのちの根源を問う教育とは

最相　震災のとき、神戸の中学生をたくさん取材しましたが、その中で遺体の搬送を手伝ったという少年がいたんです。自分が運んだ遺体の中に、金のネックレスやブレスレットをしたやくざっぽい中年の男性がいて、さっきまで生活していたあとをまざまざと見せつけられたんだと。自殺を美しく描いた本や映画を見て、死ぬのも格好いいかなと思うこともこれまではあったけど、とんでもない。死は醜くて恐ろしくて、決して綺麗なものではないと思ったと、そういってました。

生も死も病院の中のものしか知らない、そういう時代に生きる私たちに、「死ぬのも格好いいかな」という感情は、往々にしてよぎるものではないかと思うんです。私もすでにそういう世代ですが、幸いにして悲惨な経験をしていない子供たちは、ますます生と死を実感を伴うものにすることがむずかしくなっています。そんなところに、脳死は死かとか、クローン人間はどうかといった話をするのですから、ますますおかしなところに入り込んでしまうような気がしますね。

額田　脳死や移植の場合はまだ見えやすいですが、専門家でもわかりにくいゲノムの問題などを中学や高校で扱うことが本当に適当かという疑問はありますね。僕もいろんなところからゲノムの問題を話してくれという依頼があって一時試みましたけど、あるとき気づいたのは、僕の言葉でいう「生命の倫理」の話ばかりしていると自縄自縛に落ち込んでしまうなと。それで、若い人がもっと命の根源にかかわって理解し得る方法は何なのか真剣に考えました。

たとえば、がんは医療最大の問題ですが、がん細胞の発生はゲノム抜きには語れません。がんが発生して、人の命を崩壊させていく。細胞レベルでも非常に神秘的なことがあります。そして、最終的には必ず死ぬ。どんな高度な技術が生まれても、細胞ひとつ作ることができない。そこに生命の尊厳がある。これはもう、最大の死生観だと思いますね。こんな、がんのようなものを体系的に教育の中に取り入れる工夫が必要ではないでしょうか。

最相　それはとても興味深い授業になりそうです。

額田　ええ。あと、僕の一つのささやかなテーマは人工呼吸器なんです。高度医療技術の中で最もポピュラーで、在宅へどんどん広がっています。その人工呼吸器をめぐる論理、倫理は、若い世代の死生観を問いただしていくためにも、我々が考えなければならないと思います。延命には最大の恩恵ですが、家族にとっては酷な面がある。それを日常の中でどう考えるのか。川崎協同病院の事件も、みんなで考えなければならないことです。

最相　人工呼吸器をしてまで延命したいか否かを考えることは、つまるところ、自分がどう生き、死んでいきたいのかを考えることですね。私たちに身近で、医療現場にとっても争点になっている。それはまさに、「生命の倫理」と「いのちの倫理」の接点ですね。

額田　もちろんそう、そういうことです。論証はまだ十分できないんですけど、やっぱり、日本人ほど、なぜこの世に生きる意味があるかとか、なぜ自分はこの世に生を受けてきたかを問う民族はいませんね。欧米のように、生きるも死ぬも神の御心のままにというわけにはいかないわけですから。

ところが、その日本人の死生観のいい面が、若者たちの間からどんどん失われている。これは一番嘆かわしい点です。古めかしいことをいうようですけど、日本人のもっていた死生観のいい面を取り戻していくような方向で考えたいと思っています。


額田さんの『孤独死』には、鳥取出身のAさんという男性が登場する。Aさんは、中学を卒業後まもなく大阪で就職した。しかし、腰痛をきっかけに働けなくなり、日雇い労働者をしながら職を転々。やがて病気で職を失い、離婚してからは酒びたりの日々が続いた。アルコール依存症になってから、何度も立ち直ろうとするが、酒を断ち切れない。そして、四十代で被災。仮設住宅に暮らしていたが、みどり病院に入院して一週間ほどで亡くなった。

額田さんがあるシンポジウムでこのAさんの話を取り上げたとき、「アルコール依存症は自己責任ではないか」という発言があった。釈然としなかった額田さんは、Aさんとの会話を思い出す。「Aさん、鳥取は雪の降る所で雪の重さに耐える雪持ちの竹というのがあるでしょう。だから竹の節ができるように、あなたもこれを機会にお酒をやめてガンバリましょう」。額田さんがそういうと、Aさんは涙をポロポロ流しながらいった。「先生はそういうけど、なんぼ重さに耐えてといったって、木の枝でも雪の重さが限度を超えたらとても耐えられませんよ」。

Ａさんに自己責任を問えるのか。腑に落ちなかった額田さんは、Ａさんの故郷を訪ねた。そこは、川沿いの貧しい被差別部落で、もとは江戸時代の大水害の被災者たちが集まって自給自足をしていた地域だった。一日、もう一日と滞在期間を延長して調査を続けた額田さんは、孤独死した人の軌跡はそのまま、戦後日本の高度成長を支えた人の人生であることを知った。そして、ある確信に至りついた。それは、孤独死は決して自己責任ではないこと。絶対的な貧困、逃れたくても逃れられないものが、現代社会にはまだあるということだった。

災害は社会的弱者をあぶりだす。額田さんは今日も、救援策を訴え活動を続けている。

第8章

先端医療を取材して
——後藤正治との対話——

「たどりついたところは、個々の『選択』ということでした。脳死と臓器移植は『二五パーセント医療』ではないかと思っています」「生死にかかわる医学問題については、厳密な事実関係の提示がまずあって、その上に議論がある。ジャーナリズムは最低限そうでありたいと思います」

（後藤正治の言葉）

後藤正治さんは、自宅のある京都を起点に移植医療の現場を取材し続けるノンフィクション作家である。大宅賞受賞作『リターンマッチ』に代表されるスポーツものと臓器移植ものが、後藤さんの作家活動の両輪だ。

一九六八年八月八日、札幌医大で記者発表された日本初の心臓移植、いわゆる和田移植がその後の移植医療に与えた苦悩を描いた『空白の軌跡』。一九五〇年代から日米で苛烈な開発競争が行われてきた人工心臓の現場を取材した『人工心臓に挑む』。心肺同時移植を苦悩しつつ待ち望む仲田明美とアンドレア松島という日米の患者の交流を描いた『きらめく生命の海よ』(のちに『ふたつの生命』と改題)。脳死臓器移植前夜の日米の心臓外科医と患者の訴えをつづった『甦る鼓動』。そして、二〇〇二年秋に刊行された『生体肝移植』では、世界最先端をいく京都大学チームの生体肝移植の現場と家族の葛藤が描かれた。

和田移植については、札幌地検の捜査報告書を入手した共同通信が配信した記事をまとめた『凍れる心臓』(九八年)で、これまで沈黙し続けていた医師らが口を開き、話題となった。この調査報道が、脳死臓器移植が社会に受け入れられるためのトンネル掘削作業の最後の最後の穴を開けたとすれば、後藤さんの仕事は、そこに至るまでの気の遠くなるほど長くて暗い複雑な道のりを、少しずつ手探りで穿《うが》ち続けてきた職人のそれにたとえられるのではないだろうか。

後藤さんの最初の取材ノートは八三年十一月。先端医療によって問われた生死の境界を直視し、一貫して患者とそれを救おうとする医師に寄り添いながら問題提起をしてきた。後藤さんは、なぜこのテーマに取り組むことになったのか。まずはそのきっかけからうかがうことにした。

先端医療を前に取材者に問われる視点とは何か

最相　月並みな質問ではありますが、後藤さんが臓器移植の取材に関わるきっかけになったのは、やはり、仲田明美さんという心臓病の患者さんと出会ったことが大きかったのでしょうか。

後藤　仲田さんとのかかわりは大きいものがありますが、臓器移植については、これ以前、医学サイエンスをノンフィクションの柱にしていこうという気持ちがあって、その双方からであったと思います。

最相　それ以前からですか。

後藤　大阪の千里に国立循環器病センターがオープンして間のない時期でした。脳疾患、高血圧、心臓病など、循環器系の病を対象に、国内では最新鋭の施設であったわけですが、研究所が併設されていて、人工心臓部門のヘッドにアメリカから二十五年ぶりに帰国した阿久津哲造さんという研究者が就かれた。この分野では世界の第一人者でありましたが、人柄のいい方で、いろいろ話を聞くうちに、彼のことを書いてみようかと思うようになったんですね。

臓器移植についていえば、八〇年代はじめにシクロスポリンという免疫抑制剤が登場して、心臓移植などの成績が飛躍的に向上していた。技術的には日本でも十分できる。心臓手術の症例数からいって、東京では東京女子医大、関西では循環器病センターが中心になるだろうといわれていた。新しい分野ということで興味をもって取材をはじめていた時期、アイゼンメンガー症候群に冒され心肺移植しか救命の手段がないという仲田明美さんが入院してこられて、彼女ともお付き合いがはじまりました。

時間の前後からいえば、集中して取材をはじめたのは人工心臓のほうが早かったと思います。

最相　『人工心臓に挑む』は『空白の軌跡』のあとに出ていますね。

後藤　本としてはそうですね。研究所もいろんなセクションがあって、循環器系の動態研究とか移植免疫とかは、なんだかむつかしそうで。人工心臓が一番わかりやすいように思えたのですが、これもなんのことだか、最初はよくわからない。阿久津先生が辛抱強く付き合ってくだったからですが、医学者としての歩みを日本でも伝えておきたいという気持ちがあったのでしょうね。話がおもしろいからというより、秘書の人がいつもケーキを出してくれたから通ったところもある（笑）。

そうこうするうちに、手術部長の藤田毅、移植免疫の雨宮浩、総長の曲直部《まなべ》寿夫といった外科医たちとも知り合って、臓器移植の勉強もするようになった。人工心臓と移植を同時並行で取材していたという感じです。

最相　人工呼吸器ができたのが六〇年代ですね。医療現場に人工呼吸器が登場したことで、これまでに存在しなかった人間のある特別な状態が生まれた。後藤さんが取材を始められたころというのは、日本では「脳死」という言葉はそれほど大きく取り上げられなかったのではないですか。

後藤　一般的にはそうですね。社会的問題となるのは移植とのかかわりですから。もちろんそれ以前、人工呼吸器の使用とともに脳死者は生まれ、病態は知られていたけれども、定義づけや判定基準はなかった。最初の判定基準「ハーバード・クライテリア」がまとめられたのは六八年でしたか、移植とのかかわりできちんとした基準を出す必要があったわけですね。

最相　平坦脳波と無呼吸、無反射、無反応の四項目を挙げたハーバード大学の脳死基準ですね。脳死患者と初めてお会いになったのは？

後藤　脳死者を見たという意味でいえば、ロサンゼルスにある病院の集中治療室を訪れたさいに見学させてもらったのが最初です。日本では千里救命救急センター。

最相　何年ごろですか。

後藤　『甦る鼓動』を書く前ですから、八七〜八八年かな。千里で見たのは、バイクに乗っていて振り落とされ、頭部損傷から脳死に陥ったという若い女性でした。他に、二、三例。脳死者が出たら連絡をくださいと頼んでいて、何度か足を運びました。

最相　脳死に陥った患者さんに取材者として会われる場合は、当然、家族も近くにいらっしゃるわけですよね。

後藤　集中治療室に家族の姿はなかったし、そのおりの取材目的が家族の受け止め方云々ということではありませんでした。目的は脳死の医学的な病態をきちんと知りたいということで、取材をしたのは救急医や脳神経科医です。

最相　後藤さんご自身の脳死への距離感はどのようなものだったんでしょうか。というのは、私の場合、やはりこれから臓器を摘出するかどうかという決断をされるときの家族の思いのほうを想像してしまいますので。

後藤　脳死は人の死であり、それ以外のなにものでもないと私自身は思いました。ただし、大いに抵抗感があるのも確かだろうと思った。要するに、頭が死んで、首から下の体内循環が一次的に維持されている。ぱっと見たところ、生きているように見える。こういう状態の人から臓器が摘出されることによって移植医療は成り立つわけです。抵抗感があるのはあたりまえですよね。

たどりついたところは、個々の「選択」ということでした。必ずこう考えなければならないという質の問題ではないだろうと。それは当時からいま現在まで動いていない。脳死と臓器移植は「二五パーセント医療」ではないかと思っています。

最相　二五パーセントとは、どういう意味ですか。

後藤　たとえていえばの話ですが、脳死をもって人の死と受容する人が半分、そういう状態で臓器を摘出してもらっていいという人が半分、合わせて二五パーセントという意味です。腎移植の場合、心停止後の摘出でもオーケーですが、心移植、肝移植の場合は、脳死者であるドナーからの臓器摘出が絶対条件ですよね。でも、脳死を人の死と考えない、まして臓器摘出などとんでもないという人たちがいてもあたりまえです。逆に、患者になったさい、移植を望む、望まないも個々の選択です。説得するとか導くという問題ではなくて、当事者の人生観なり死生観にかかわることだと思う。

アメリカ社会は移植治療を日常の治療としています。ただ、一般のアメリカ人がすべて脳死を人の死と思っているわけではない。運転免許証の裏に、万一、脳死に陥った場合、臓器提出を了承してサインしている人の数は三人か四人に一人だと思います。それで十分、移植は成り立つわけです。日本はようやく臨床がはじまったばかり。少しずつ実績を重ねていって、やがては「二五パーセント医療」になっていけばいいのではないかと。

和田移植の後遺症だけでなく

最相　『空白の軌跡』で、スタンフォード大学で研鑽を積んだ東京女子医大の小柳仁先生がおっしゃってましたね。日本の心臓移植医は、心臓移植はテクニカルには可能なのにソーシャルの問題でできないというがそれは間違っている。科学技術が社会に受け入れられるかどうかも技術のうち。その意味で、現段階で心臓移植は日本でまだ信頼された治療法ではない、と。八四年のときの言葉ですが、この時点でこういうことをおっしゃるお医者さんがいたのかと感銘を受けました。

日本は脳死議論に十年以上費すことになりましたけれど、取材された印象として、やはり和田移植（六八年）の残した傷跡は大きかったのでしょうか。

後藤　そうですね、和田移植については、自分のなかで少しずつ見方が変わっていきましたね。『空白の軌跡』を書いたころはやはりすごく引っ掛かっていた。そもそも心臓移植を受けるべき患者であったのか、さらにドナーとなった青年にかかわる死の判定についてもつじつまの合わないことが多すぎる。プロの心臓外科医の間でも和田移植への不信は強かったし、彼のせいで新しい治療手段が封印されてしまったという憤りもありましたね。後遺症は確かにあった。

けれども、たとえ和田移植があのような批判を浴びることがなかったとしても、日本で心臓移植が再開されるようになるにはきっと時間がかかったろうと途中で思うようになりましたね。

最相　そこを、私は特におうかがいしたかったんですよ。みんな和田移植のことをいうけど、実はそれ以前に、日本人の死生観というのはなかなかそう簡単には動かなかったと。医学の重鎮にあられた先生方も、本音では抵抗があるという方が多かった。

後藤　日本人の死生観が欧米人と比べて決定的に違うのかどうか、そこはよくわかりませんが、ひとつ思うのは、死生観も時代によって少しずつ変容していくものであって、固定して動かないものではないということです。最相さんが取り組んでおられる「発生」にかかわる問題についても、いま僕らが漠然と思っているコンセンサスと、三十年後、五十年後のそれとはすごく違ったものになるだろうと思いますね。移植医療についても、八〇年代といまでは、日本人の意識はかなり変わったんじゃないでしょうか。

最相　具体的にどういう場面でそういうことをお感じになられますか。

後藤　端的にいえば、ドナーカードですね。日本人のドナーカードの保持率はおよそ九パーセントです。もちろんドナーとなることを拒否する意思表示をしている人を含めての数字ですが。九パーセントという数字、新聞はいつも少ない少ないと書きますが、僕はかなりの数字だと思う。成人の十人に一人が意思表示しているわけですから。取材をはじめた八〇年代はじめには考えられなかった数字です。

最相　ドナーカードがもっと気軽に手に入るようになったら、意思表示もしやすくなるのにとお書きになられてましたね。ただ、脳死が何かなんて深く考えずに安易なボランティア精神から選択する人がいるのではないかという危惧は医師側にもあるようですが。

後藤　そういう危惧もなきにしもあらずでしょうが、しかし、ドナーカードでもって意思表示をしている人たちの選択を、重く、尊いものと考えたい。医学的な細部の知識を十分にもって判断されているのかどうかは不明ですが、それでもなお、それは個人の意思であって、その上にのみ移植医療は成立するわけですから。

このテーマは結果的に随分と長く追ってきました。死にゆく人とも付き合いました。取材者というのは当事者でもなければ家族でもない。第三者にすぎないわけで、その点は割り引かなければならないけれども、死という問題を至近距離で考えることはしばしばあって、それは決して悪いことではなかった。移植は日本においては負を背負った医療分野ではあるけれども、個人的にいえば、ものの考え方、生き方という点でもたらしてくれたものは小さくなかったと思っています。

この国民にしてこの医療

最相　脳死臓器移植は、二〇〇二年十一月現在で二十三例（二〇〇五年四月で三十六例）。脳死判定基準の厳しさや死生観などいろいろな背景があると思うのですが、心臓外科医には、なんというか、日本人というのはそういう民族だという諦念はあるんでしょうか。

後藤　あるのかもしれません。僕のなかにもありますから。臓器移植をテーマにした外科医たちはかなり優秀な層だったと思う。当時、もっとも新しい医学分野でしたから。彼らの多くは、心臓移植の先駆者であるスタンフォード大学のノーマン・シャムウェイ、あるいは肝移植におけるピッツバーグ大学のトーマス・スターツルのところで臨床研修をしている。一時期、ピッツバーグでは日本人医師が移植チームの中核となっていた。彼らにすれば、アメリカ人医師より技量は上なのに、下積みの地位に甘んじ、肝心の日本では臨床がない。ボヤキというか、屈折したものは何度か感じました。

優秀ということの一例になるでしょうか、生体肝移植は、脳死移植とは逆に日本がもっとも症例数を重ねてきた分野ですが、京大で八百例、全国で千数百例の臨床があって、ドナーの重大事故はゼロです。日本よりはるかに症例数の少ないアメリカおよびドイツで、ドナーの死亡事故がそれぞれ数例報告されている。空白の歳月のなかで、日本の移植外科がいかに研鑽を積んでいたかの証左といっていいと思います。今後、確率的にいえば、ドナーの死亡事故は日本でも起こるとは思いますが（二〇〇三年、京大で初のドナーの死亡事故発生）。

最相　そうですか。生体肝移植については後ほどうかがいたいと思いますが、手術の成功件数だけをみれば日本が優れていることはわかります。

後藤　僕は移植外科医に対して不信感をもつことはあまりなかった。好き嫌いでいうと、心臓内科医があまり好きになれなかった。心臓移植の対象患者はほとんど難治性の心筋症です。移植以外に、助かる手段のないことを承知しつつ、そういう選択肢があることを患者に伝えない。アメリカであれば、患者に情報をきちんと伝えなかったということで、訴えられればきっと有罪となるでしょうね。

もちろん彼らにも言い分はある。国内で心臓移植ができない以上、患者にそれをいっても仕方がないじゃないかと。その繰り返しが延々と続いて、結局、欧米より二十年以上も遅れてしまった。それはいまも続いている。心臓移植を封じ込めたのは実は内科医じゃないかと思っていますが、それはまた日本の医療のありようそのものなんですね。真実を伝えなくても問われることがないというのは。

最相　需要がないから供給がない。

後藤　ええ、非常に日本的な、医学以外の問題です。

いまふと思い出したことがある。脳死の取材でロサンゼルスにあるカイザー病院を訪れたときの光景です。深見洋介という日本人の脳外科医に会ったのですが、丁度、診療中で、黒人の年配の女性患者にこういう説明をしていました。

あなたの脳には腫瘍がある。悪性かどうか不明であるが、その可能性が高い。悪性だとしてなにもしなければ、一年後、ほぼ死亡しているだろう。外科的に切除するのがベターだと思うが、もちろんリスクはある。いわゆる植物状態になる危険もある……。というのが私の診断結果であるが、間違っているかもしれない。他の病院に行って受診されることを勧めるし、教会の牧師に相談するのもいい。そのさいは、レントゲンなどすべてのデータをあなたに預けます――と話している。これがセカンド・オピニオンかと思いました。

最相　牧師に？

後藤　ええ、牧師にもと。それはきっと常套句なんでしょうね。ああ、これがアメリカなんだとも思った。日本だったら、ねえ、おばあちゃん、頭にもやもやしたものがあるから取ってしまいましょう、という説明じゃないですか。それに慣れ親しんできたものからすれば、一見、なんて残酷な医者なんだと映る。患者に向かって、一年後、死亡率何パーセントとかあけすけにいう。でも、深見さんはこういいました。これがここでは普通なんですと。もしそうしなければ、情報の非開示ということで、裁判になれば確実に敗訴すると。その意味もあってそうしているんだと。レントゲンは患者のものだといって渡している光景は新鮮でしたね。

よくこの国民にしてこの政府といわれますが、医療もまたそうだと思う。日本のアイマイ流がすべて悪いとは思わないけれども、移植は正確な病状をまず患者が知ることが出発点になりますから、その意味ではアメリカ的な医療ですよね。つい先頃まで、がんの告知は是か非かを議論していた社会には馴染まない治療手段であるのかもしれない。そういうことも取材のなかで気づいていったように思う。日本ではそう簡単にはいかないぞ、と。

最相　今は、がん告知は一〇〇パーセントではないですが、かなりの医療施設で行われていますね。それも、アメリカのように訴えられるからということではなくて、インフォームド・コンセントとかクオリティ・オブ・ライフといった言葉がだんだん普及して、私たちの意識も変化してきたからですね。

後藤　そう、日本社会における医療の考え方というのは、患者側、医師側を含め、この十数年ですごく変わったと思います。いまもそのただなかにあるのではないでしょうか。

最相　インターネットで患者自身が情報収集できるようになったことも大きいですね。

脳死臓器移植は存在してもいい医療

最相　後藤さんの本には、いわゆる脳死臓器移植反対派の人たちがほとんど登場しませんね。後藤さんを移植推進派とみなす人もおられるようですし。

後藤　移植医療に対する僕のスタンスはそれぞれの「選択」ということです。ただ、自分で歩き、取材し、考えるなかで、移植医療は社会のなかで存在していい治療手段だと思うようになったのは確かです。その意味で〝推進派〟と受け取られても仕方ないとは思っていますが。

最相　そのことによって、あまりよくない立場に立たされたことはありますか。

後藤　脳死に対する議論はさまざまにありますが、いくつか討論の場に出て気がついたのは、これは医学サイエンスの問題でありつつ、とてもエモーショナルなものを喚起するテーマでもあるということ。僕の考え方を含め、人の死生観というのはすべて相対的なものだと思っています。ただ、いわゆる脳死反対派の意見を耳にすることがありましたが、医学的な論拠という点でも、死生観という部分でいっても、傾聴に値する、ずしんとくるような声に出会うことはなかった。だから登場することがなかったのでしょう。

移植を待っている患者も出席したシンポジウムの席で、こういった人がいた。臓器移植は過渡期の医療に過ぎない、あと五十年たてばこんなものはなくなりますよと。そうかもしれないと思った。すべての治療は過渡期の治療なんです。で、その人は自分がどんな残酷なことといっているのか、気がついていない。いま現在、移植という手段しかない状況下にある人に、五十年後には立派な他の治療ができますよといっても意味がないわけです。

最相　人工心臓は、まさしく過渡期の医療ですものね。

後藤　未来のことはわかりませんが、ある意味でいえばそうでしょうね。いま再生医療の分野で夢物語が語られていますが、人工心臓の開発はまさに夢物語としてはじまった。人工心臓は日米を中心に半世紀の歩みがありますが、かなり性能のいいものをつくるところまでこぎつけた。一方、自然心臓と同じものはつくることができないことを知っていった歴史でもある。加えていえば、つくる必要がないことがわかったともいえる。現状でいえば、心臓移植のほうがはるかに優秀な治療手段ですから。心臓移植が定着してからは、それまでの永久型からのつなぎとしての人工心臓開発に向かった。現在それはほぼ完成しています。過渡期の治療だから意味がないのではなく、そのときどき、比較してどれだけ優れているのかどうかということ。その意味でいえば、心臓移植はその位置を確保したといっていい。

移植の問題でつくづく思うことは、移植以外に助かるすべのない患者です。ともすれば人の死を待っているという負い目を背負いつつ、ほとんどチャンスがないままに亡くなっている。

人の死を待つのではなく手術を待っています――というのは仲田さんの言葉ですが、そういうことはほとんど伝えられない。一番、弱い立場にあるのは彼らだと思います。

最相　仲田さんの日記やアンドレアとの対話を読んで思ったのは、自分自身がどう生きたいかということを本当に真摯《しんし》に考えておられるということでした。その思いが、後藤さんを含めた周囲をじわじわと動かしていったんですね。でも、彼女だったからというところもあるのかなという気もするんです。後藤さんはそういう人に出会うべくして出会ったと思うんですが、脳死臓器移植が増えると必ずしも彼女のような、提供した人や遺族が、本当によかったと思えるような生き方をする人ばかりとは限らない。そんなことが写真週刊誌でも報道されたことがあったと思うのですけれど。ただ、よりよく生きるということを社会から課せられるのはとてもつらいものがありますし、こちらがそういうことを要求していいはずがないとも思います。

後藤　その点に触れることはむつかしいですね。

最相　人間って、必ずしもそうは生きられない。

後藤　そこは、最相さん、僕には答えられない。海外を含め、脳死移植を受けて元気になった人たちにかなりの数、会っていますが、全部が全部、死者から臓器を提供された意味を深く考えていたかといえば、そうとは思えない人もいた。では、それは非難されるべきことなんだろうかといえば、どうなんでしょう……。その意味でいえば、仲田さんとかアンドレア松島は特別な人だったかもしれない。移植を受ける受けないにかかわらず……。

最相　ただ、そういう強い意志をもった人の存在が世論を動かす力になるんですよね。私たち取材者も、書かざるをえない衝動に駆られる。

後藤　そうですね。

最相　生体肝移植についてもうかがいたいのですけれど、私と同世代とか年下の若い研究者や医療現場の人たちと話をすると、これは大変な賛否両論がありますね。

後藤　脳死移植とは逆転していて、欧米ではいまも極めて抵抗感の強い治療手段です。健康な人にメスを入れるのは倫理に反すると。その考えも十分わかりますが、脳死移植が宝くじである日本では他に手段がないわけです。いろんな問題はあっても。

最相　ドナーの要件がはっきり規定されておらず、こんな親族いたっけというような遠い関係の人、あるいは弱い立場にいる親族が追い込まれて移植するようなケースもぽつぽつと出ているのではないかと指摘されているものですから。医療も普遍的なものになるにつれ、グレーなものを抱えてしまう。特に生体肝移植はジレンマの医療ですね。

後藤　移植を受ける側、提供する側、移植医を含め、いろんなジレンマを抱えていて、取材を重ねるなかで何度か切ない思いをしましたね。『生体肝移植』では、成功した例、失敗した例、プラス面もマイナス面も書いたつもりです。当事者が判断する基礎的情報になってくれればという思いがあった。移植医療というのは、相撲でいう徳俵にかかった人たちの話であって、形而上学の理屈の世界ではない。そういう意味では再生医療はまだ余裕があるのかな。

最相　いまもっとも進んでいるのが歯科で、歯周病の患者向けに幹細胞を利用した歯槽骨を再生させたり、歯そのものを再生させようという試みがあり、ベンチャー企業も設立されています。ただ、受精卵を使った再生医療が臨床応用されるのは十年以上先だといわれていて、今は基礎研究レベルの規制や倫理的な議論が中心です。患者さんからはまだ遠いですね。遠いからこそ、夢ばかり語られる傾向があります。

後藤　いろんな意味で、最初に会ったのが仲田明美さんであったことはとても大きな意味をもったと思います。彼女は移植を待ちながら亡くなっていったわけですが、その後も彼女以上に痛切なものを伝えてくる存在はいなかった。どこかで遺言を預かったという気持ちはあって、それが以降の仕事のスタンスを決めたことは確かです。それはどうしようもなかったことです。

先端医療と報道、そして当事者の声

最相　脳死臓器移植をめぐっては報道合戦といいますか、ドナーの身元が暴かれようとしたこともありましたけど、報道の問題点として気づかれたことはありますか。

後藤　ドナーの身元を明かさないというのは移植医療の体験から導き出された知恵なんですね。マスコミ報道についていえば、強い違和感を抱く報道はずいぶんとありましたね。とくに記憶しているのはＮＨＫで放映された脳死問題。

最相　具体的には何でしょうか。

後藤　これは新聞報道であったと思いますが、確か、脳死者から赤ちゃんが生まれたという話がありましたよね。

最相　あ、見ました。

後藤　僕が調べた範囲では、患者は脳死判定基準を満たしていた、厳密な意味でいう脳死者ではなかったということです。ただ、臨月間際に脳死に陥った女性がいたとして、体内循環が人工的に維持された場合、赤ちゃんが生まれることはありうるかもしれない。でも、そういう人がドナーとなることはありえない。ＮＨＫはアメリカでの取材番組で、脳死と判断された人たちが生き返った云々というものでした。

最相　私がＮＨＫの人間だったら、おそらくどちらも取り上げたい題材です。

後藤　そうですか。センセーショナルな事例ということではインパクトはあるのでしょうが、厳密にやらないと単なる猟奇番組に過ぎなくなる。〝脳死者が生き返った〟という話のほとんどは、脳死の判定基準を未だ満たしていない、いわゆる〝切迫脳死〟からの生還です。国内でも、厚生省基準（竹内基準）をクリアして後、生き返ったという事例は一例もないはずです。もし事実あったとすれば、基準をつくりかえなければならないし、そもそも脳死移植という治療手段が成立しない。それは明らかなことです。番組で扱われた、〝生き返った〟という人がいかなる判定基準によって脳死者とされたのか。そこがポイントであるのに、あいまいなままでしたね。一体、なにを伝えようとした番組であったのか。

最相　生殖医療やクローン報道でも同じ問題点はありますね。情報源があいまいなまま、クローンがなんであるかという前提も説明されないまま、素材だけが投げ出される。それがもし情に訴えるようなものだったら、なおさら罪深いと思います。

後藤　感情に訴えることは場合によっては有効ですが、生死にかかわる医学問題については、厳密な事実関係の提示がまずあって、その上に議論がある。ジャーナリズムは最低限そうでありたいと思います。

最相　さきほど、一番弱いのは当事者、つまり、移植を待つ患者さんたちだというお話がありましたが、後藤さんは、生殖医療の場合の当事者はだれだと思われますか。

後藤　ぱっといわれてぱっと答えが出てこない。むつかしい問題ですね。

最相　子供ができなくて、人の受精卵をいただくとか、アメリカへ行って代理母をお願いするとか、卵子をあげたりもらったりという場合の、では当事者はだれであるか。

後藤　だれなんだろう。

最相　やはり私は、最終的には子供だと思っているんですよ。慶應義塾大学病院で一九四八年から医学部の学生の精子を使うＡＩＤ（非配偶者間人工授精）が行われてすでに三万人以上生まれてるんです。一番上の方はもう五十代なんですけれど、その人たちの声ってなかなか表には出てこない（二〇〇五年五月、日本遺伝カウンセリング学会で初めて三十一歳の男性が実名で名乗り出た）。家族も黙っていた歴史が長かったからですが、アメリカでは今、そういう人たちが声を上げてネットワークをつくって生物学的な親探しを始めてます。

後藤　医療取材を通してアメリカ社会を知っていったように思います。アメリカは一面で病んだ矛盾だらけの社会だけれども、反面、問題を問題としてオープンに議論し、社会化する力がある。その点では健康な社会であってうらやましくも思いました。

移植についていえば、裁判であったと思います。シャムウェイに会ったとき、殺人罪で訴えられた話を聞きました。七四年、カリフォルニアのオークランドという場所で、頭をピストルで撃たれた男が脳死に陥った。家族の了解が得られたというので、ヘリコプターで当地の病院に出向き、心臓を摘出してスタンフォードに持ち帰り、移植手術をした。その後、銃撃事件の裁判で、弁護士は、殺人を犯したのは撃った被告ではなくシャムウェイだと主張した。つまり、脳死段階で被害者はまだ生きており、殺人者は心臓摘出者だと。

最相　脳死を死としない立場にたてば、そうなる可能性がありますね。

後藤　法律論からいえばありうるかもしれない。裁判ではシャムウェイは無罪となりましたが、大きな社会問題となって議論を呼んだ。結果、カリフォルニアで七六年、脳死をもって人の死とするという州法ができています。

最相　先日、ＡＬＳ（筋萎縮性側索硬化症）の患者さんが訴えた結果、自筆でないと郵便投票が認められないのは違憲であるという判断が下されましたね。裁判で初めて、声の存在を認識する。確かに裁判は一つの手段ではあります。でも、裁判の負担は当事者にはあまりに大きいですね。

後藤　スピードの違いを感じますね。シャムウェイの裁判を通して、法律という形で決着をつけるのに要した時間が二年。日本では和田心臓移植は裁判とならず、ぶすぶすとこもったなかで影を引き摺り続けた。日本社会の意思決定は万事ゆっくりしていて、慎重であることは一般的にはいいのですが、移植を待つ患者には時間がない。医療全般、なにもかもアメリカがいいとは思いません。アメリカに国民皆保険制度はなく、いい医療はいい保険に入っている人に用意されているといっていい。この点、問題は多々あろうと日本は優れた医療制度をもっていると思います。

移植とのかかわりでいえば、死生観のなかに入るのでしょうか、〝遺体観〟も相当に違うように思う。遺体を大事にするのは大切なことですが、それをなにがなんでも優先するというのは美風であるのかどうか。日航の人に聞いた話ですが、墜落事故のさい、髪の毛一本までというのが日本、欧米ではばらばらになった遺体を引き取るためにすぐに現地に飛んでくる家族は少ないそうです。

最相　え、そうなんですか。

後藤　キリスト教的にいえば魂は神に召され遺体にはないということでしょうか。戦後もずいぶんとたって遺骨収集を続けてきたのも日本だけとか。これはもちろん良き風習であると思います。いいたいことは、亡くなった人々への手厚い思いの反面、いま病にあって苦しんでいる人々への思いの希薄さです。自身と家族への思いは強いけれども、残念ながら社会的視野のなかで問題を見つめることは乏しい。ずいぶんと議論はあったけれども、脳死移植が広がらなかった根本にあるのはこのことではないか。世界に冠たる移植医療の技術をもつ国であるにもかかわらず。

脳死臓器移植の法整備が遅れた日本では、健康な家族の臓器を切除し、病んだ家族へ移植するという生体肝移植が世界に類のないかたちで発展した。河野太郎代議士が父・洋平を助けたいと手術に臨み、これを美談にしないでほしいと発言したことは記憶に新しい。しかし、移植を受けた患者の予後や臓器を切除されたドナーの追跡調査は不充分であり、治療効果への科学的評価が十全に行われないまま移植の適用範囲が拡大していくことには疑問を感じざるをえない。ドナーをめぐり親族間のトラブルが起こる場合もあり、医療関係者の間でも悩ましい治療であることは事実だ。

『生体肝移植』で京大移植外科教授の田中紘一医師に長時間のインタビューを行った後藤さんは、こんな一節を記した。そこには、先端医療を取り巻くすべての人の思いがあるように感じられた。取材者としての痛みも、すべて。

〈もちろんこの外科医も〝鉄人〟ではない。プロジェクトをはじめて十余年、この間、もうやめようと思ったことは何度かある。

その生存率でいえば、生体肝移植のおしなべた成功率は八割である。手術を手がけた二割の患者は亡くなっている。病院地下の霊安室でお別れ会がある。わが子の死に動転した親からその責任をなじられたことも何度かある。どんな悪罵を浴びせられても、反論することはない。力が足りませんでした、といって頭を下げるだけだ。目頭を熱くしながら、こんなことはもうやめよう……そう思って霊安室から部屋にたどりつくと次の患者が待っている——。〉

第9章

宇宙で知る地球生命

——黒谷明美との対話——

「よく地球外生命を探している人がいうんですけどね、地球はとても幸運な星で、条件がそろって、これだけ多様な進化を遂げた星はない」

「今の科学の段階では、ゲノムがわかったからといって設計図が全部わかったわけじゃないから、卵から複雑な形ができていくところをつくるのはすごくむずかしい」

（黒谷明美の言葉）

黒谷明美さんは、宇宙航空研究開発機構・宇宙科学研究本部宇宙環境利用科学研究系助教授。地球の生物に重力が与える役割をテーマにさまざまな研究を行う宇宙生物学者である。一九九〇年に日本初の宇宙生物学実験となった旧ソビエトの宇宙ステーション・ミールの「ニホンアマガエルの行動学実験」を提案したり、九四年から九六年にかけてアメリカのスペースシャトルと日本の無人宇宙実験観測衛星ＳＦＵ（ＨⅡロケットで打ち上げた無人の宇宙実験観測衛星＝宇宙科学研究所〔当時〕・科学技術庁、宇宙開発事業団〔当時〕・通産省、無人宇宙実験システム研究開発機構が共同開発）で行われた「アカハライモリの産卵と初期発生」の共同研究を行ったりした。

子どものころから昆虫やカエルなどの両生類と遊ぶのが好きで、高校時代に生物の授業で学んだショウジョウバエの集団遺伝学や、ガラパゴス諸島の進化に関する本に感銘を受け、生物学の道に進むことを決心したという。大学に進んでからは、ゾウリムシの繊毛運動や細胞分裂といった細胞運動に興味をもち、細胞生理学を専攻した。

現在は、宇宙と生き物たちについての一般向け講習会で講演をされる一方、細胞の仕組みをわかりやすく説明する著書を執筆するなど、生物学教育にも尽力されている。黒谷さんの研究室は、いつのまにか増えてしまったというカエルのマスコット人形やクリップ、磁石などのカエルグッズであふれていた。

私が黒谷さんを知るきっかけとなったのは、電波天文学者・平林久さんと黒谷さんが宇宙科学をメールで語り合った『星と生き物たちの宇宙』である。正直なところ、この本を読むまで宇宙生物学実験の意味について深く考えたことはなかった。宇宙での長期滞在を前提とした動物実験、という程度の認識である。だが、宇宙生物学者は地球の環境が地球の生き物の生命活動に与えた影響を知るためにこの実験を行っている、という一節を読み、一気に引き寄せられた。宇宙生物学者は、地球と地球の生命をもっとよく知るために、宇宙を旅するのである。

では、これまでの宇宙旅行でどこまで地球の生命のことがわかったのか。黒谷さんに訊ねたいのはそんなシンプルなことだった。

まずは、あまり聞きなれない宇宙生物学という学問の概要からうかがうことにした。

カエルやイモリはなぜ宇宙に行ったのですか

最相　黒谷さんのプロフィールには、宇宙生物学とか宇宙生命科学とありますね。ＮＡＳＡ

ではアストロ・バイオロジーという言葉が使われているようですし、この学問がいったいどういうものかというのを最初にお聞きしたいんですが。

黒谷　歴史はよくわからないんですけど、新しいのは確かなんですね。自分は宇宙生物科学者です、っておっしゃる方、世界中におそらく何人もいるのでしょうけれど、この学問の定義は人によって違うんじゃないかと思いますね。

最相　人によって違う？

黒谷　ええ、さまざまな分野の研究を含んでいるともいえます。地球外生命を探す圏外生物学の方もいれば、宇宙の放射線を中心に生物学を研究している方もいる。重力、無重力が生物に与える影響の研究もありますね。それから、宇宙飛行士さんの問題があるので、宇宙医学はかなり大きな領域になっています。あとは、閉鎖環境系というのかしら。宇宙船の中もそうですけど、宇宙ステーションの中で生物が生活することを見据えて生態系をつくることを研究している方もおられます。

最相　アリゾナの「バイオスフィア」みたいなものですか。密閉された空間に熱帯雨林や砂漠や草原などミニチュア化された地球環境をつくって、人や動物、植物が生きられるかどうかを実験していましたね。

黒谷　そうです。

最相　そもそも、宇宙と生物学を結びつけようとする意識が研究者の間で湧き上がってきたのはいつごろなんでしょう。

黒谷　一九六〇年代でしょうね。

最相　スプートニク以降ですか。

黒谷　そうです。宇宙では過去にいろいろな生物学実験が行われていますが、動物でいえば、一九五七年に旧ソ連の人工衛星スプートニク二号で周回軌道を回った犬のライカが有名ですね。

最相　あれは、なんだか切ない話でした。

黒谷　初期の実験は宇宙に生物を上げて生きているかどうかだけを問題にしていましたからね。生物学実験という意味ではもっと早くて、三五年にアメリカの大気球で五種類の胞子とショウジョウバエを使った宇宙線曝露実験が行われたのが最初です。

最相　ということは、それから半世紀あまりで、黒谷さんが実験提案者になられたニホンアマガエルが宇宙に旅立った。あれは、たしか九〇年。

黒谷　ええ。ＴＢＳの宇宙特派員計画で実施されたものです。

最相　秋山豊寛さんが打ち上げられる映像と地上でそれを見守っている奥様の横顔が重なったとき、ＢＧＭにユーミンの「セイヴ・アワ・シップ」が流れて、なんだか感極まってどばーっと泣いてしまいました。いまだにあの曲を聴くと泣けてきます（笑）。

黒谷　そうですか、ふふ（笑）。

最相　あの宇宙ステーション・ミールにカエルたちが一緒に乗っていたそうですが、そもそもカエルが使用されたのは、小学生の提案があったからだとか。

黒谷　それもありますが、一番大きな理由は、私自身が小さいときからカエルが好きだったからですね。自分で飼ったり、見つけるとじーっと観察してたりとか。飼い方をよく知っているというわけでもなかったんですけど。

もう一つは、テレビ番組だったから、視聴者に関心をもってもらうためにはカエルがいいだろうと。私は細胞生物学が専門だったんで、本当はゾウリムシやウニの卵のようなものを持っていきたかったんですけど、細胞は一般の人には身近じゃないですからね。小学生の提案のことも頭にありましたし、カエルにはいろんな行動パターンがあるので、カエルの動き方が将来人間が宇宙ステーションに行ったときの参考になるんじゃないか、なんて目的も掲げましたね。テレビの映像的にも絶対笑えるとか思ったりして。

最相　論文に掲載されていた写真を見ましたが、なんだか、カエルの格好がとても気の毒でした。

黒谷　そうそう。かわいそう、ってみんなにいわれちゃうんだけどね。

最相　パラシューティングという表現をなさっていましたけれど……。

黒谷　ええ。極端な反り返り姿勢が、スカイダイビングなどで見られるような、ジャンプして着陸するときまでのソフトランディングを目指す姿勢に似ているんです。浮遊していなくて物につかまっている場合も反り返り、これは地上でも見られる、カエルが嘔吐する姿によく似ていました。これから発展していった飛行機を使った実験で、両生類も乗り物酔いのような症状を見せることがあるという報告を世界で初めてすることができたんですね。

最相　それは人間でも同じですか。

黒谷　人によって違うと思いますけど、人間の場合、自分のおかれている状況がわかると、次の行動を予測できますよね。冬眠状態で何も聞かされないで、ぽんと宇宙に連れて行かれたらわかりませんけれど、そうじゃないなら、無重力を経験したことがなくても、何かわかると思うんです。

最相　イメージを予測できる？

黒谷　ええ。だから、カエルのように自然に出てくる本能的な行動ではなくなっちゃうんでしょうね、たぶん。

最相　黒谷さんは無重力は何度も経験されているわけですね。

黒谷　ええ。飛行機で放物線状に飛ぶと経験できるんです。エンジンを吹かして斜め上方に上がり、そのままエンジンは切らないけど吹かさない状態にすると、放物線を描いて飛びます。

この間、約二十秒の無重力状態になります。

最相　場所はどちらですか。

黒谷　名古屋空港の中に、そういう小さな飛行機を持っている会社があって、いろんな無重力実験ができるんです。装置の検査をするとか、生き物を飛ばすとか、人が乗って血液検査をしたりとか。

最相　医学実験もするのですか？

黒谷　ええ、してますよ。被験者の人が縛りつけられたまま寝ていたり。

最相　おもしろいですね。カメやヘビの研究をされたこともあったそうですが、これはどういう背景があったんですか。

黒谷　あれはＮＨＫだったかな。

最相　やはりテレビがらみですか。

黒谷　そうなんです。というのはね、フライトにお金がかかる。だから、映像の一部をテレビが使って、こっちは研究データをとるということをよくしていたんです。ＮＨＫの人がいろんな生き物を乗せるというので、ヘビとカメ、あのときは、インコも一緒だったかな。

最相　テレビがらみではなくて飛んだものはありますか。

黒谷　アカハライモリですね。宇宙実験前の予備実験で飛行機を使いました。イモリの宇宙実験は二回やりました。一度目は、向井千秋さんが搭乗した一九九四年のスペースシャトルで、二回目は、九六年にスペースシャトルに搭乗した若田光一さんが、ＳＦＵを回収したミッションです。

最相　イモリは卵がたくさんとれる上に、実験室で発生させられるので、発生学の研究にはよく利用される材料だそうですね。高校の教科書にも登場してなじみがありますし。

宇宙の実験のなかでは、このアカハライモリに一番興味をもったのですが、イモリって、処女懐胎ではないですが、繁殖にオスがいらないんですね。

黒谷　オスがいらないというわけではないんです。イモリのオスは、産卵時期になるとあおみどりの婚姻色の出た尾を振ってメスを誘うんですね。その誘いにのったメスがそれについて歩くと、オスが精子の入った精包をぽとりと落とす。それをメスが採り上げて総排泄腔という穴にしまいこんで、そのまま冬眠する。

ですので、メスのイモリだけを冬眠状態で宇宙に連れて行って、実験開始時に水温を上げてやれば、メスイモリはしまいこんだ精子を使って自分の卵を受精させ、受精卵を産むことができます。受精直後の卵の発生を調べるには適していたんですよ。

最相　なるほど。そもそも、両生類の卵だったのはなぜですか。

黒谷　鈴カステラってご存知ですか。

最相　はい。丸くて、茶色と白の。

黒谷　そうそう。両生類の卵ってあのお菓子によく似ていて、茶色っぽくて濃いところと黄色っぽくて薄いところがあるんです。地球上では、黒いほうが上を向いていて、卵黄のある黄色いほうが重いので下を向いているんです。重力の影響でこの上下の軸が決まるわけです。受精すると、ほとんどの場合は卵黄側ではなくて上の濃いほうに精子が入るんです。その精子の入った点は特殊な点になり、上下の軸とこの点が決まると、将来、頭と背中がどっちになるか身体の軸がもう決まってしまうんですね。この軸は地球上の重力に対応していますので、将来のオタマジャクシの身体の軸が決まるのには、重力が関係しているのかなあという気分にはなりますよね。

最相　なるほどー。

黒谷　その疑問が、私たちの出発点のひとつです。

最相　へえ、そうだったんですか。

黒谷　卵の色の濃い部分というのはすごく重要で、田んぼで卵を産むとみんな黒い方が上を向きますよね。そのために紫外線が遮られてDNAが保護されるんです。もし卵の段階で細胞の一個のDNAが傷ついたら、それが分割して全部に影響を与えるわけでしょう。地球上では卵の向きが重力にそろうので大丈夫でも、宇宙に持っていけば困ることになるかもしれないんです。

最相　こわいですね。そういえば、アメリカのブラック博士の研究によると、アフリカツメガエルの卵を一回目の分割の前の段階で30Ｇの重力をかけたところに数分置くだけで、かなりの頻度で二つ頭のオタマジャクシが生まれたそうですね。

黒谷　あれは極端な実験例でしょうね。地球の重力の三十倍ということですから。

最相　となると、重力が卵の発生にどんな影響を与えるのか、極端ではないところでどのあたりまでわかっているんでしょうか。

黒谷　結論が出るほどまだ研究がたまってないんですけど、一ついえるのは、結局、宇宙でも普通のオタマジャクシが生まれたということです。でも、途中ではこんなことがあったんですよ。両生類の卵は、まず縦に一回分裂して二細胞に、次にもう一回縦に分裂して四細胞に、今度は横に分裂して八細胞にと分裂していきます。この、第三卵割の位置がずれたんですよ。

最相　へえ。

黒谷　九二年に毛利衛さんがスペースシャトルに搭乗されたときに行われた、Ｋ・スーザ博士というアメリカ人のアフリカツメガエルの実験です。第三卵割の割れ方が少し違うんですね。普通だったら赤道にあたる部分よりもちょっと上に割れ目ができるんですが、ちょうど真ん中の赤道近くで割れちゃった。それで途中でできるかまぼこ型の空洞（胞胚腔）の位置も変わって、空洞の天井部分の細胞が普通よりも厚くなっているんです。でも、逆に遠心分離機で2Gぐらいの重力をかけると、今度はその割れ目のずれが逆方向になって、普通よりも上に行くんですよ。

最相 でも、オタマジャクシにはなると。

黒谷 そう。無重力状態では、受精卵はいったんその影響で地球上とは異なる形に分裂するんですが、最終的には補正されてちゃんとオタマジャクシになるんですね。

最相 いやあ、おもしろいです。

黒谷 受精卵の中にはもしかしたら、重力などの影響を打ち消す仕組みが秘められているのかもしれませんね。生物学者にとっては、補正される、調整されるってことがおもしろく思えるんです。私たちのイモリの実験も、卵の見た目は普通でしたけど、解剖してみたら、アフリカツメガエルの場合のように卵割や胚の構造が違っていたかもしれませんね。

最相 黒谷さんは、宇宙生まれのオタマジャクシの解剖はなさったんですか。

黒谷 実はそれを見たかったんですけど、食べちゃったんですよ、親ガエルが。

最相 えーっ。

黒谷 一匹も残ってなかった。もう、がっかりですよ。食べるのはわかっていたんです。だから、親と卵を別にするシステムというのは持っていたんですけれど、それがうまくいかなくて。そういうことってあるんですよ、宇宙実験って。苦労するわりに実りが少ない。

最相　形態が補正されるというのは、ほかの動物にもあてはまることなんでしょうか。

黒谷　実験数がまだ少ないのですべての動物にあてはまるとはいいませんが、両生類はそうみたいです。新しいところでは二〇〇二年の宇宙生物学会誌に発表されたフランス人の研究者の実験ですが、ミールにサラマンダーという両生類を乗せたとき、胚にいろいろな異常が見つかったんです。ふつうは上から見ると細胞の境目が十字にきれいに分割しますが、これがちょっとずれたんです。ただ、そのおもしろいところは、成長するうちにやっぱり直ってしまうことなんです。両生類では補正される、というのはそういうことです。

最相　えーと、サラマンダーって？

黒谷　サンショウウオのような両生類ですね。

最相　成長したというのは、最後までということですか。

黒谷　いや、オタマジャクシまでですね。あと、重力は質量の大きいものほど大きく作用しますから、オタマジャクシからカエルになって体重が増えていくとどうなっていくかという問題もあります。

最相　食べるところがないといってはかわいそうだけど、筋肉のないカエルができそうですね。

黒谷　そうかもしれません。

最相　骨が変わる可能性もあるのでしょうか。

黒谷　ええ、そうかもしれません。骨といえば、九〇年のミールの実験で、帰ってきたカエルの背骨のレントゲン像を撮ったんです。サケ缶でご存知だと思いますけど、サケもカエルも人間も、背骨は小さい骨が積み重なってできていますね。この骨と骨の間に骨梁《こつりょう》という網目状の構造があるんですけど、宇宙に滞在していたカエルのレントゲン写真では、その編み目がはっきりしておらず、しかも写真からカルシウム量を測ると、宇宙に滞在していたカエルは通常のものより約二〇パーセント少ないことがわかったんですよ（共同研究者、神奈川歯科大学・鹿島勇教授による）。たった八日とか九日でですよ。

最相　それは、宇宙飛行士が帰還してから骨が弱くなることに通ずる話ですか。

黒谷　そうですね。宇宙飛行士の場合は、筋トレしてるのでここまで減りませんけど。

最相　健康な人でもずっとベッドに寝ていると歩けなくなるっていいますよね。

黒谷　骨粗しょう症ですね。

最相　あれと、同じことですか。

黒谷　まったく同じかどうかはわかりませんが、重力がないから力を入れないことと、使わないことは基本的には同じですからね。宇宙で人の骨がどうなるかという研究は、将来、骨粗しょう症の治療につながるかもしれないといわれてはいます。

最相　ということは、オタマジャクシまでは調整されてちゃんと形になるけど、今後カエルやサラマンダーになっていく過程で、カルシウムの問題が出てくる可能性もあると。

黒谷　ええ。あと、両生類には変態という問題がありますよね。変態というのは、それこそホルモンだとか、内分泌系のいろいろな調節があるので、そのあたりのプロセスに重力の影響があるかもしれません。

生殖の神秘

最相　九四年のスペースシャトル「コロンビア」号で向井千秋さんが宇宙に行かれたときは、メダカも一緒でしたね。黒谷さんはあのときは……。

黒谷　イモリとメダカが行きましたが、私は両方の共同実験者でした。メダカの実験提案者は、東京大学の井尻憲一教授です。

最相　どんな実験をされたんでしょう。

黒谷　あの実験のミソは、婚姻行動ができるかどうかでした。

最相　それはおもしろいです。

黒谷　ええ。メダカには、オスがメスの周りをぐるっと一回転（円舞）し、それに続いて背びれと尻びれでメスを抱いて産卵を促す求愛行動が見られるんです。魚って水の中で泳いでいるから、重力なんてあんまり関係なさそうに見えるけど、一応関係があるんですよ。普通のメダカを持っていくと姿勢制御がうまくいかなくて、無重力になるとめちゃくちゃにくるくるスピンして泳いじゃうんです。

最相　地上では見られないんですか。

黒谷　暗闇にすると少し出るものもいると思います。

最相　ということは、光が大事？

黒谷　魚の姿勢制御には重力（平衡覚）のほかに光（視覚）が関係しているんです。光の方向に背中を向けようとする反射があります。だから、目がよければ無重力でも光の方向によって、オスメスが、ある一定の方向に身体をそろえられるんではないかと思って、目のいいメダカを探したんです。ずいぶん飛行機に乗せてみましたね。それで、トーダイメダカというのが一番目がよくて。

最相　えっ、トーダイ？

黒谷　東京大学のことなんですけれどね。たまたま東大で系統を保持していたものがよかったみたいなんです。メダカって本当に目がよくて、たとえば、縞模様をくるくる回すと、縞を追いかけたりするんですよ。その東大メダカは、ほかの系統よりもその追随具合がしっかりしていたんです。

最相　おもしろいですね。

黒谷　宇宙では、抱くまではいくんですが、その後の刺激に手間取ってうまくいかない例もあったんです。でも、成功したのもいて、産卵しましたし、稚魚に孵化《ふか》しました。地球に帰還した親や稚魚は、もう何世代も正常に生きていますよ。

最相　すごいですね。そういう、それぞれの動物たちが宇宙に行く理由というのは、地球の生命のことを知るということが一番究極的な目的ではあると思うのですが、人間が行ったときにどうなるかということも関係はあるわけですよね。率直にいえば、宇宙空間で人はセックスできるのか、妊娠して出産できるのか。

黒谷　もちろんそうです。すごく初期の段階では、魚類でも両生類でも、人とかなり近いですからね。

最相　想像をたくましくすれば、今まで宇宙に旅立たれた飛行士さんというのは……。

黒谷　うーん、それはわからないですね。

最相　そういうこと、なかったのかしら……。

黒谷　夫婦が一組行っていらっしゃるんです。だから、いろんな記者から、人間はどうなんですかとか、そういう実験は今までなかったんですかって聞かれるんだけど、私は全然聞いていないですね。

最相　もし、そういうことがあったとしても、正常に誕生するかというのはわからないわけですね。ある意味、人体実験になってしまう。

黒谷　二つ複雑な問題があって、受精から誕生するまで宇宙にいる場合と、受精だけして地上に帰ってくる場合がありますよね。

最相　精子の運動も重力と関わる可能性があるんでしょうか……。

黒谷　その実験はされている方がいます。卵とくらべてすごく小さいものでしょう、精子は。だから、重力とはあまり関係ないと思いますね。

最相　アカハライモリの場合、宇宙で産卵しても形態は地上と変わらなかったということなんですが、以前お話ししたとき、われわれは重力があるのが当たり前と思っているけれども、空間が変われば子供の生まれ方も変わるし形も変わるとおっしゃってましたね。その点をもう少しうかがいたいのですが。

黒谷　すごくわかりやすい話をしてしまうと、人間って、自分の体重を支えるための筋肉が足や腰にくっついているわけでしょう。それで立っていられるわけですよね。でも、無重力だったら、自分の体重を足で支えなくてもいいわけじゃないですか。だから、筋肉が弱くなってしまうとか、骨が弱くなってしまうという問題はあるんです。そうすると、形が変わる可能性がありますよね、からだの。

最相　細い人ばかりになる。

黒谷　それはわかりません。ただ、重力はかからないけど、横に物を押したりする点では地球と変わらないですから。

最相　えっ、そうなんですか。

黒谷　そうなんです。横に押すっていうのは変かな。たとえば、船外活動といって、宇宙船の外でする作業がありますね。あのとき、たとえばバルブを回すっていうのはすごく腕の力がいるそうなんです。何かに自分が支えられていれば地球上と同じなんですけど、ふわふわしているから、よけいに大変なんだそうです。持ち上げるときには力は要らないんだけどね。

最相　それは、われわれのような成人した人間が行くことを想定した話だと思うんですけど、そうではなくて、イモリたちのように宇宙空間の中で受精して、誕生して、成長すればその環境に適応してくるでしょうか。

黒谷　両生類の受精からオタマジャクシになるまでの過程では、重力の影響は調整されているらしいことがわかってしまったわけですが、卵から親になる、だんだん形ができていく過程で、重力が関係する部分がある可能性はまだあると思います。だから、何か問題があるんじゃないかという気はするんです。

つまりね、人間の宇宙移住などを考えたら、オタマジャクシまでじゃだめなんですよ。これが親になって卵や精子を形成できて、大人になってちゃんと生殖できるか。そこまでを絶対に調べないといけない。

最相 私たちが宇宙に住むとか、地球外の生命を探すということは、やはり、地球でなぜ私たちが生まれたのかという謎につながっていきますね。

黒谷 ええ。よく地球外生命を探している人がいうんですけどね、地球はとても幸運な星で、こんなふうに条件がそろって、しかもこれだけ多様な進化を遂げた星はない。それはなぜかを知りたいから、ほかの星の生き物を探して比べたいと。そこで生き物が生まれるために、重力がどのくらい重要であったのか。本当は時代をうんとさかのぼって調べたいんですけど、それは無理ですから、今の生き物を手がかりに重力の役割を調べるしかないわけです。

最相 黒谷さんは学生時代、ゾウリムシを研究されていたんですよね。

黒谷 ええ、そうです。

最相 ゾウリムシって、単細胞生物でありながらも、食べるための細胞口や食べ物を消化する食胞、排泄物を出す細胞肛門などをもっていて、「スーパー細胞」なんていわれてますね。はじめ、ミールにカエルよりもゾウリムシを乗せたいと思われたのも、ゾウリムシが重力を感じる細胞だといわれているからだとか。

黒谷　ええ、そうです。えさや空気を入れない試験管に入れてもみんな上のほうに浮かびますからね。多細胞生物のように重力を感じる器官がないはずの単細胞生物が、どうやって重力を感じることができるのか。単細胞生物を研究するというのは、細胞がどこまで可能性を持っているかを知ることなんです。

ゾウリムシと人間は直接はつながりませんけど、ゾウリムシと人間のゲノムの違いがわかったら、人間の細胞がどういうところを切り捨ててきたのかがわかるのではないでしょうか。もしかしたら、人間の細胞もまだ単細胞に戻れるようなゲノムももっているのかもしれませんしね。もちろん、これは架空のお話ですけど。

最相　ホームページに夢の話をお書きになってましたね。地球外の二つの星が、お互いに形を知らない生物のゲノム情報だけ持っても、それでつくり上げた生物は全然似ても似つかぬものができると。かわいいイラストつきの物語なので気づかれにくいかもしれませんが、ゲノム計画の盲点をつく鋭い批評だと思いました。

黒谷　現在までの知識では、まだゲノム情報だけから生き物をつくり上げるのはむずかしいだろうなと思うわけです。結局、今の科学の段階では、ゲノムがわかったからといって設計図が全部わかったわけじゃないから、卵から複雑な形ができていくところをつくるというのはすごくむずかしいということですね。だけど、それこそゲノムの働き方だとか、調節のされ方だとか、スイッチの入り方がどうなっているかとか、いろんなことがどんどんわかってくれば、できるかもしれませんよ。おそらく、ずいぶん先のことでしょうが。

「細胞」は、昔から、生物教科書の第一章に置かれる単元だった。高校生のころ、生物をなぜこのような近視眼的なところから教え始めるのだろうと疑問に思ったことがある。もっと、宇宙の成り立ちとか、地球生命の誕生と進化といったところから学びたいと感じていた。だが、神は細部に宿るというが、友だちと遊ぶよりは動物や昆虫と遊ぶほうが好きで生物の道に進んだ黒谷さんは、たった一つの細胞にこそ壮大な宇宙があることに気づいておられたのだろう。

目下の研究テーマはウニで、ウニの発生過程で細胞の一つ一つが重力とどう関係するかを調べていきたいという。ウニの卵たちも近い将来、宇宙に旅立つのかもしれない。また一つ、この地球に生きることの奇跡を思い知らされることになるのだろう。

第10章

遺伝子診断と家族の選択

——アリス・ウェクスラー＆武藤香織との対話——

「遺伝的な情報は、医学的にはそれなりに意味があるとは思います。でも、同時にわれわれは遺伝子そのものではないということも忘れてはいけない」

（アリス・ウェクスラーの言葉）

「研究者である前に人間でありたいし、患者さんや家族と情報をシェアしながら一緒に進むという、研究者と研究される側の関係をつくっていけるのではないか」

（武藤香織の言葉）

アリス・ウェクスラーさんは、UCLA女性学研究所でラテンアメリカ史や女性解放運動の先駆者、エマ・ゴールドマンの研究を行う歴史学者である。一九九五年には、ハンチントン病という神経疾患の発症リスクをもつ自分と家族の体験、そして、病気の原因遺伝子が発見されるまでの科学者の営みを克明につづった『Mapping Fate』を刊行。当事者みずからその事実を告白した世界で初めての本として、ハンチントン病の家系にある人々を勇気づけただけではなく、遺伝学を学ぶ学生の課題図書として読まれ、臨床現場の医師や医療関係者にも大きな影響を与えることになった。

ハンチントン病とは、自分の意思に関係なく手足が動いたり、感情をコントロールする力を喪失したり、物事を認識する能力が低下したりする遺伝性の難病である。原因遺伝子は、第四染色体にあるCAGという塩基配列の長い繰り返しで、これが正常な人に比べて長いために遺伝子の機能に障害が起き、脳の神経細胞にダメージを与える。もし、両親のどちらかが患者でその遺伝子を受け継いだ場合は子供も発病する常染色体優性遺伝である。通常は中年期に発病し、症状が進む。患者数は、アメリカでは三万人、日本では厚生労働省の特定疾患の認定を受けた患者が六百四十一人（平成十五年度末）、潜在的にはその数倍といわれる。

アリスさんのお母さんがハンチントン病と診断されたのは六八年のこと。これを受け、お父さんと妹のナンシーさん（臨床心理学者）は遺伝病財団を設立し、資金を集めて医科学研究を助成した。七〇年代に始まったヴェネズエラのハンチントン病家系の大規模調査「ヴェネズエラ・プロジェクト」では、アリスさんも通訳や戸籍資料の調査に加わって科学者を動かした。

その結果、八三年にハンチントン病の原因遺伝子を見つける手がかりとなる塩基配列の並び「DNAマーカー」が、九三年には原因遺伝子が発見される。まさに、ウェクスラー家がプライバシーを公表したことがきっかけとなり、科学史上の大発見が導かれたのである。

当時、モントリオールのマギル大学で日米の遺伝学史の比較研究をしていた額賀淑郎さんはこの本を日本に紹介することを思い立ち、日本でハンチントン病の患者・家族会をつくる準備をしていた東京大学大学院生の武藤香織さん（現・信州大学医学部講師）に共同で翻訳しないかと提案。二〇〇三年秋、邦題『ウェクスラー家の選択』として刊行されたその本を読み、私はぜひアリスさんと武藤さんにお目にかかり、病気を突き止める技術が治す技術よりも先走る時代を生きる家族のあり方について、お話をうかがいたいと思った。

家族のプライバシーを公表することに不安はなかったですか

最相　ヒトゲノムの解読が終了した二〇〇三年は、ハンチントン病のＤＮＡマーカーが発見されて二十年、原因遺伝子が発見されて十年にあたるわけですが、その節目ともいうべき時に日本でアリスさんの本が読めるようになったのはすばらしいことだと思っています。理由はたくさんありますが、一番大事だと思えたのは、この本には、アリスさん個人のアイデンティティを確かめる旅や、家族一人一人の人生の物語を確認する旅、それと同時に分子遺伝学発展を願う科学者の旅、それを追う取材者としての旅、というように、さまざまな旅が交錯しているということです。これは、私たち自身が科学技術と人間の未来を考えるにあたって重要な道筋をたどられているのではないかと感じられました。

アリス　そのように読んでくださることは、とてもうれしいことですね。

この本を書きたいと思った理由は二つありまして、一つは、科学の重要なタイミングをドキュメントに残しておきたいと思ったこと。二つめは、これまでハンチントン病は絶望的な不治の病だといわれていたのですが、マーカーが発見されたことで、ひょっとしたら治療できるかもしれないという希望が私にも科学者にも生まれたことが大きかったと思います。希望が見えたことで勇気がわいて、私自身もやっと個人的な痛みを伴う過去や病気の歴史を振り返る気持ちになれたということです。書き進めるうちに、ハンチントン病のようにある烙印を押されてしまう他の病気をもつ人たちにも役に立つかもしれないとも思いました。

最相　アリスさん自身の恋愛を含めたプライバシー、ウェクスラー家、親族にかかわるプライバシーも明らかにすることになったわけですが、葛藤はなかったですか。

アリス　母が診断された六八年に私の家族はハンチントン病の家系であることを公言していて、とくに妹のナンシーは公的な立場（ハンチントン病研究諮問委員会委員長）にあったので、彼女がリスクをもっていることは広く知られていましたし、この病気が個人にどういう意味をもつものなのかということを科学者に伝える役割を果たしていました。

私のほうは個人的なことを書くことになったわけですが、センセーショナリズムをねらったわけではなく、遺伝的な疾患をもつことが家族のありとあらゆる面にかかわっているということを書きたかったからです。遺伝性疾患の患者と家族が抱える苦しみについて臨床現場の理解が不十分だと思うことがありましたし、病気が予測できるなら問題はすぐ解決すると医師の方も思いがちでしたので、事態はもっと複雑であることを伝えたかったんですね。

最相　お父様の感想はいかがでしたか。お母様と離婚されても、お母様の援助と遺伝病財団の仕事は続けていかれたわけですね。

アリス　父は心配していて、本が出たら悪いやつだと人に思われるのではないかと不安に思っていたんですが、そんな批判はまったくなかった。お父さんもベストを尽くしたんだ、家族を見捨てなかったんだということがわかってもらえたわけです。残念ながら、ハンチントン病を発症すると多くの男性が家族を捨ててしまうというのが現実ですので……。父の活動で研究の方向も変わっていったので、私たちにとっては癒しといいますか、いい結果になりましたね。

最相　翻訳の話をもちかけられたとき、武藤さんは日本でハンチントン病の患者・家族の会づくりに奔走されていたんですよね。

武藤　そうですね。正直なところ、すぐには乗り気になれなかったんです。二つ理由があって、一つは、アメリカで書かれた障害や病気の当事者による本というのは、日本の当事者にとって励みになる一方でプレッシャーになることもあるし、日本の参考にはならない、日本では無理といわれるんじゃないかという危惧が私の中にありました。もう一つは、そういう偏見があったからなんですが、この本が出ることで日本らしい患者と家族の会づくりが遅れるんではないかと、それがすごく不安でした。

ところが、実際に読んでみるとアリスが個人的なことを率直に告白している部分の強さと、その個人的な経験と距離をはかって自分の立場を相対化しているところがとても魅力的で、日本の読者にも受け入れられるのではないかと思ったんですね。日本の女性は家族の病気や障害に対する責任を非常に負わされやすい立場にいる。この本で、遺伝病の家族の女性は非常に元気が出る、励まされる、もしくは癒される、いろいろなプラスの影響があるのではないかというふうに思えたのです。ですので、日本の会の立ち上げと並行しながら訳して、ちょうど会の運営が軌道に乗り始めた頃に出版されたことになります。

最相　武藤さんがこの病気にかかわって、御自身のテーマとして突きつめていこうとされたのはなぜだったんですか。

武藤　私自身はハンチントン病の家系の人間ではないんです。病気の存在を知ったのは教科書ですし、最初は研究者として、先端医療をいかに社会が受け入れていくかいかないかといったことを研究していました。そのときに、「ハンチントン病の発症前遺伝子診断に関する国際ガイドライン」（九四年）を知って、これが国際的な研究者グループと患者・家族の会によって出されたことが非常にショッキングだった。さらにショックを受けたのは、日本がそれに署名していなかったこと。ガイドラインが要請している遺伝カウンセリング体制と患者・家族の会がないからだと科学者から説明されました。

日本でも発症前診断についてはずいぶん議論されていたんですが、国際ガイドラインがつくられた経緯と違って、当事者がいないところで机上の空論を闘わせていたことに怒りを覚えました。これが、私がハンチントン病に関わるようになった一番の原点です。日本では患者・家族の会をつくるのは無理だといい切る人もいました。文化的、社会的土壌によって無理だという抽象的な説明をよく耳にしましたが、遺伝の問題を社会で扱うことへのタブー感と、そこに、ハンチントン病の目立つ症状も加味されてむずかしいと判断されていたのだと思います。あと、患者が少ないことでしょう。

最相　それでも、努力が実って、二〇〇〇年には日本ハンチントン病ネットワークを設立されましたね。その動機となったものは、何だったんでしょうか。

武藤　ハンチントン病という病気は、家族のこと、個人のこと、介護やジェンダー、遺伝といった、人が生まれてから死ぬまでの重要な時期に関わる問題をすべてもっているんです。先端医療はその重要なところに関わるかたちで介入していて、それと向き合わざるを得ない運命を背負った人たちから学ぶことが多かったということですね。私自身の個人的な背景、生き方もかなり影響を受けました。

それから、家族をインタビューする機会があったんですけれども、そこでわかったのは、彼らがあまりにも自分の病気を知らないこと。私の方がよほど情報をもっていましたので、これを彼らとシェアしないということは研究者としての社会的責任を全うしえないのではないかという気持ちがありました。

最相　患者と家族の会をつくることに対する批判はありませんでしたか。

武藤　ありましたね。寝た子を起こすなというたぐいのクレーム。それから、研究者が当事者に直接手を差し伸べるのは、とくに社会学の人間が調査対象者に直接手を差し出すというのは、研究者としての領分をわきまえていないという批判はありました。

しかし、社会学者だって今生きている社会の一員であって、それは思い上がりだと思ったわけです。研究者である前に人間でありたいし、患者さんや家族と情報をシェアしながら一緒に進むという、研究者と研究される側の関係をつくっていけるのではないか。ある意味、賭けですけど、そんなふうに腹をくくったんです。今は「当事者参加型研究」も出てきたので、方向としては間違っていなかったなと思います。

アリス　家族が病気を理解していないとか恥に思っているとか、烙印を押されてしまうという問題はアメリカにも存在しますね。

最相　アメリカの場合、西海岸と東海岸で患者と家族の会の運動が別々に起こるわけですけれども、患者と家族の会が設立された背景には、やはり、フォーク歌手ウッディ・ガスリーの死が大きかったんでしょうか。

アリス　初めは、そういう象徴的な人が存在していたことは大きな理由になったと思います。東海岸ではウッディの妻だったマージョリー、西海岸が私の父。二つの組織ができた本当の理由は、それぞれ優先順位にしたことが違ったからなんですけれども。

最相　優先順位？

アリス　ええ。東海岸では、ロビー活動をして議会を動かそうという考えがありました。というのも、議会の判断によって医学研究を統括する国立衛生研究所（ＮＩＨ）への予算が決まるわけですから。その上で、家族に対するサポートサービスを整備したいということでした。西海岸側が、父が設立した遺伝病財団で、こちらは純粋に学術的なことに焦点を絞りたいと考えていました。資金調達は民間を考えていて、最初は豊かな個人からの寄付を募って、そのうち法人からの寄付もいただくようになりました。財団内部に学術評価委員会をつくって、研究者に対して助成金やフェローシップを直接付与することに重点を置いていましたので、科学者とは深い関わりをもちましたね。

そういったこと以前に、アメリカには、六〇年代の公民権運動やフェミニストヘルスといった女性の健康に関する動き、自助グループのように草の根で組織をつくっていく社会的土壌があることも大きいでしょうね。

武藤　たとえ当事者側にセレブリティがいても病を公表するかどうかは別の問題ですね。マージョリー・ガスリーがオープンにしたのは、セレブリティとしての社会的責任と、前夫との間の子供への責任が強かったと思います。私たちのグループでは疾病特異的なエゴというのか、私たちの病気だけがよくなればいいというふうにはとても思えないし、実際それだけでは勝ち取っていけない。いろいろな希少難病の人たちと一緒に共通点を見つけて活動していかないとだめだと思っているので、ハンチントン病の有名人を探すことにエネルギーは費やせないということもあります。

アリス　私たちも、資金調達を行うにしても、一般の人に啓発活動するにしても、もっと広く発症しているアルツハイマーであるとか、パーキンソン病とか、そういった人たちのことも視野に入れてきましたので、武藤さんのおっしゃったとおりだと思います。自分の病気だけに狭い視野をもつというのでは、よくないと思っています。

知らないでいる権利

最相　お母様が六八年に確定診断を受けるまでは、自分たちがハンチントン病の家系だとはご存知なかったということですね。

アリス　ええ、そうです。

最相　その事実を知ったとき、両親はこの病のことを前から知っていたのか、自分をなぜ産んだのか、母のうしろについていくのが私の運命なのかと、苦しんでおられます。本の中の、「人生を再構成される必要があった」という一文には胸がつまりました。

では、原因遺伝子が発見されてハッピーかというとそうではない。治療法が見つかったわけではないですから、採血だけで将来病気になるかどうかが診断できるとなったとき、その検査を自分が受けるのかどうかという新たな問題に直面されましたね。

ナンシーさんが発症リスクのある人々をインタビューして、遺伝子診断が受診者の心に与える影響に警告を発した。それが、大学院時代の武藤さんにショックを与えた国際ガイドラインに生かされることになったわけですが、このときアリスさんとナンシーさんが選択されたのは検査しないこと、ハンチントン病の遺伝子をもっているかどうかは知らないままでいることでした。

実は私は、この「知らないでいる権利」という言葉からウェクスラー家の存在を知ることになったので、非常にインパクトのあるフレーズだったことは確かだと思いますね。

それでうかがいたいんですが、今後あらゆる病気の原因が解明されていくと思いますが、自分の遺伝子情報を知るということは、どれほどの意味があるのでしょうか。

アリス 遺伝的な情報は、医学的にはそれなりに意味があるとは思います。でも、それと同時にわれわれは遺伝子そのものではないということも忘れてはいけないと思います。

ヒトゲノムがわかったとしても、そのすべての意味がきちんとわかるということではありません。多くの人たちがかかる病気は、ハンチントン病のように一つの遺伝子で決まるものではないですし、複数の遺伝子が絡むか遺伝と環境の組み合わせで起こるのかもしれないですし、もっと複雑なものです。ヒトゲノムがわかったからといって未来が見える水晶玉ができたというわけではありませんので、過大な期待をもってはいけないと思います。人々に烙印を押すリスクもありますからね。

最相　さきほどもおっしゃっていて気になったのですが、烙印を押すとはどういう意味ですか。

アリス　あの人はこうだと決めつける、あるいは、ある人を排除するというリスクです。だからこそ大事なのは、まず遺伝的な病気をもつ家族、それからこの新しい技術によって影響を受けるすべての一般人たちが公的な場でこういう問題についての話し合いに関わることが重要だと思いますね。

最相　日本でそれが可能でしょうか。

武藤　できると思います。今まさにそういう時が来つつあるという感じがします。患者・家族の会のなかから自分たちの生活を知ってほしいからマスメディアの取材を受けたいという人たちが出てきています。アリスの生き方もみんなにいい影響を与えています。こちらの準備は少しずつできつつある。あとは、アメリカのように研究費を集められなくても、医療職や研究者との距離をもっと縮めていくことです。

介護におけるジェンダー問題

最相　介護で男性の協力が得られないという話がありましたが、大きな問題ですね。

武藤　ジェンダー差、これはむずかしいです。日本では男性に求める社会的な役割や規範がまだ画一的で、多様な生き方に踏み出せていないと思います。だから女性のほうが、たとえば結婚や出産を理由に何かをいったんあきらめたり取り戻したりすることに慣れていて、アイデンティティを再構築する機会に恵まれているともいえます。

男性が遺伝性疾患に関わることを知ったときに受けるショックは大きくて、それまでの生き方モデルが画一的であるために、どういうふうに人生を再構築していいかわからないことも多いと思います。世の中の社会的な規範をもう少しゆるくして、多様な選択をどちらの性別の人もできるようにしないとクリアできない問題ではないかと思いますね。

最相　アリスさんのお父さんは非常にアクティブに活動されましたが、アメリカではジェンダー差はどの程度あるのでしょうか。

アリス　アメリカでも、介護するのは圧倒的に女性です。サポートグループも、男性よりも女性の方がアクティブです。発症を予測する診断に関しても、男性よりも女性の方が受けていて、ハンチントン病に関していえば三分の二の受診者が女性です。介護は優先順位が低い仕事だと思われていて、なぜかといえば女のする仕事だからということになっているので、この点はアメリカでも変えていく必要があると思いますね。

武藤　日本でも、男性が介護者になるケースは増えていますが、仕事をやめて一〇〇パーセント介護に転化して、仕事と同じ考え方で介護を乗り切っていこうとする真面目な人が多いんですね。でも、介護は仕事と同じ考え方でうまくいくとは限らない。それに、男性介護者は珍しいので、周りが過度に賞賛するんです。だから、ますますやめられない。「助けて！」といえない。一人で抱え込んでしまって孤独に追い込まれるということがあります。

日本の介護の現場で起こる殺人事件の多くが、男性が女性を殺しているという結果を生んでいるので、「男性が介護するなんて偉い」といっているだけでは、男性介護者の逃げ場を奪うのではないか、ということが今とても気になっています。

アリスのお父さんが離婚した後も妻と子供たちを見捨てなかったということは、お父さんにそういうプレッシャーはなかったのだろうかという疑問がありますね。

アリス　父は、母が自分で暮らすことができるように、療養所（ナーシングホーム）に移っても暮らしていくことができるように財政的な支援を続けて、自分は時々訪問をしたということですから直接介護をすることとは話が違いますし、仕事はそのまま続けたわけです。

ただ、同じような問題点はアメリカにもあって、公的サポートを拡大する必要があることは認識されています。長期介護のための社会保険制度とか、ハンチントン病にしても、一日にほんの数時間でもだれかが手伝いに来てくれるだけで大きな意味がありますね。

武藤　サービスがあっても日本の家族は拒否することがあります。人に知られたくないから社会的援助を受けたくない。アメリカではそういうことは起こっていますか。

アリス　助けを拒否するという話は聞いたことがないですね。深刻に何らかのヘルプをしてもらいたいと思っていますから。

武藤　拒否したり、秘密にしたりするのは、子どもの結婚についての心配があるからのようです。なんとしても子どもを結婚させたいと思っている親御さんもおられますから。

アリス　何かを秘密にしておいて、それが後でばれたとき、パートナーの感じる怒りはもっとひどくなると思うのです。結婚するのであれば、その前にきちんと明かしておいた方がいいと思うんですけれども。

最相　アリスさんたちはなぜ知らないでいることを選択できたのでしょう。

アリス　実際には、この検査を受けた人の方が少ないという点をまず申し上げておきたいと思います。アメリカでも発症リスクをもつ成人のうち、発症前遺伝子検査を受けた人は全体の三パーセントでしかありません。私を含めて大半の人がこの検査、診断を受けないことを選択しています。

その一番の理由は、現段階では医療的なメリットがないということ。遺伝的な変異があるとわかっても薬はありませんし、いつから症状が始まるかもわからない。今の不確実な状態から解放されるために検査を受けたらといわれることもありますが、それはまた別の不確実性とバーター取引することでしかありません。遺伝子の変異があるとわかっても、症状がいつ始まるのかは結局わかりませんから。

ただ、子供を産みたいという人や成人に近づきつつある子供が心配だという親御さんもいるので、その人たち次第かと思います。

しかし、私たちが強くいっているのは、技術があるからといって使わなければいけないということではないということ。医師から、検査を受けなさいというのも不適切です。検査を受ける場合は遺伝カウンセリングを用意すべきであって、そういう人たちは、検査を受けるにしても保険会社には知られたくないという理由で自己負担しようとしますので、その点の支援も必要ですね（注）。

最相　二〇〇二年に信州大学に初めて、医師ではない専任の遺伝カウンセラーを養成する講座が設置されましたが、遺伝子診断を行なうシステムは日本はまだ始まったばかりですね。

武藤　発症前の遺伝子検査については、医師ではない遺伝カウンセラーがいなくても、クライアントに十分な時間を注ぎ込んでいる医師はいます。ただ、症状が出ていて病名を確定するために行う確定診断は気軽にやってしまう医師が多いのですが、血縁者のリスクの有無までわかってしまうので、さまざまな問題が起こりうると警鐘を鳴らしていかなければならないと思いますね（最相注・その後、医師ではない専任の遺伝カウンセラー養成講座を設置したのは信州大学のほか、北里大、お茶の水大、千葉大、京大など七校に。遺伝看護師養成課程をもつ大学は、東海大、川崎医大。また、二十か所の医療機関に遺伝カウンセリング診療部門が設置された）。

病気を突き止める技術が病気を治す力よりも先走ってしまう時代に生きること

最相　自分の遺伝子を知るということは、個人から家族へ、家族から家族以外の社会へとつながっていくことをお二人のお話で再認識したのですが、その選択をするためには、とても強い意志が必要です。

アリス　治療法が存在しているのであれば、病気を予測する検査は有用性があると思います。たとえば大腸がんであるとか乳がん、卵巣がんなど特定の腫瘍に関しては、遺伝子情報が非常に有用だということがあります。ある特定のがんの遺伝子を自分がもっているとわかったら、検診の回数を増やそうとか、ふだんからもっと気をつけておくというメリットはあります。

ただし、その危険性としては、検査を強制されてしまう可能性があるということ。あと、遺伝的な情報がわかったといっても、相対的によりリスクが高いという程度の情報であって、絶対その病気になるとは限らないわけですから、検査結果の意味がしばしば不明瞭なままになっていると思います。自分がその検査を受けることが本当にヘルプになるのかどうか、本人が情報を持った上で意思決定できるようにする必要がありますし、過剰に検査結果に期待をもつことも避けたいと思います。

サイエンスというと厳密で正確なものだと思いがちかもしれないのですけれども、全然そんなことはなく、十分に不確実性が残っていて、実際にサイエンティストであったとしても、その情報のもつ意味は十分にわかっていないということもよくあります。ですから、このような遺伝の問題について一般の人たちがもっと知る必要があると思いますね。

最相　抽象的な質問になってしまうのですが、アリスさんが遺伝子検査とハンチントン病に向き合うことで、たどりついたものってなんだったのでしょうか。

アリス　終末点はないんですけれども、私の人生において、ハンチントン病は一つのギフトになったといってもいいと思いますね。これまでのところ、私は発症していないと思っているわけですが、この病気に関わることで遺伝子技術とそれが社会にもたらす影響について関心をもつようになりましたし、それに関心をもつ多くの方々、日本の家族のみなさんにもお目にかかることができましたから。

最相　武藤さんはいかがですか。扉は開かれようとしていると感ずるのですが。

武藤　私が予想していたよりも早く開かれてきたという気持ちがあるので、これからのことが楽しみではあります。ただ一度、家族の方から、「あなたはハンチントン病と関わりたくて関わっているけれども、私たちは関わらざるを得なくて関わっているんだ」といわれたことがあります。アリスが先ほど、ギフトといいましたけど、関わらざるを得なくて関わった人が、これをギフトだと思えるような世の中をつくるために、何かをしていきたいという気持ちはあります。

二〇〇三年二月八日、日本ハンチントン病ネットワーク設立三周年を記念し、友人をハンチントン病で亡くした英国在住のギタリスト、柴田周子さんのチャリティコンサートが開催された。会場は満席となる賑わいで、翌日に慶応義塾大学で行なわれたアリスさんの講演会では、発症前検査を受けた人と受けない選択をした二人が自ら名乗り出て登壇した。

発症前遺伝子検査を今はまだ受けていないという当事者代表（当時）の由紀さんは、コンサート後のトークショーでこう語った。

……遺伝子検査を受けようという思いがないといえば嘘になるが、陰性陽性にかかわらずその結果を受け入れられる自分がまだない。今日できると思っても、また明日になると変わっている……。

病気をギフトだと思えるためには何が必要なのか。由紀さんのように、揺れ動く想いを支えることができる社会をつくるためには何をすればいいのか。新しい医科学研究の時代が始まるこの時代に、先端技術と真正面から向き合おうと立ち上がった人々の意思を受け止められる社会を私たちはつくれるのだろうか。

（注）医療保険や生命保険の加入審査において、ハンチントン病が査定に利用される可能性は高く、欧米ではハンチントン病家系への加入差別があった。これに対して、各国は以下のような措置をとった。フランスでは生命倫理法によって、遺伝情報の開示や検査の受診を強要することができないと定められた。ベルギーでは、保険に関する法律を改正し、危険選択に遺伝情報を利用しないよう定められた。オランダは立法により、イギリスでは政府判断により、一定範囲の保険は遺伝情報の開示を求められないようになった。アメリカでは、遺伝情報をもとに雇用や保険加入の差別をすることを禁ずる法案が上院で可決されている。

第11章

進化と時間の奇跡

——古澤満との対話——

「憲法をいくら読んでも日本がどんな国かはだれも想像できないということと同じで、ゲノムをいくら解析しても猫がなぜあんな形をしているのかはわかりません」

「だからここで、進化には時間がかかるのかという大問題がでてくる。僕は、進化は時間の関数ではないと思っています。変わるから進化なんです」

（古澤満の言葉）

古澤満さんは、第一製薬の分子生物研究室長だった一九八四年、鳥取大学との共同研究で、インターフェロンを蚕の体内で量産することに成功した分子生物学の第一人者である。旧・科学技術庁の外郭団体・新技術事業団の「古澤発生遺伝子プロジェクト」の総括責任者もつとめ、そこで生物物理学者の土居洋文さんと「進化の不均衡説」と呼ばれる新しい進化仮説を提唱した。これは、DNAの二重らせん構造と複製のメカニズムに着目し、生物には積極的に進化を促進するドライビング・フォースがあるとする考え方だ。

私が、古澤さんの不均衡説を知ったのは九八年、クローン技術について取材していたときである。『現代思想』誌の鼎談記事でその概要を読み、即座に取材を申し入れた。不均衡説の明快さ、そして、「サイエンスにおいてもっとも重要なのはコンセプト。コンセプトが欠けるとそれはテクノロジーになってしまう。コンセプトは何かと聞かれて答えられない研究をぼくは信じない」と語る古澤さんの科学研究に対する姿勢に感銘を受けたためである。

古澤さんが体細胞クローンについて指摘したのは、体細胞が分裂してきた歴史性を考慮に入れていないこと、ダメージとしての分化と老化の概念が抜け落ちていることの問題点だった。

クローン動物の死亡率の高さが話題になっていた時期でもあり、進化をふまえた古澤さんの問題提起を受け、私は、クローン技術を人間はもちろん、動物に応用することの恐ろしさを改めて痛感した。現在、推進されようとしている先端科学にコンセプトはあるのか。

今回、古澤さんに、進化と時間という側面から見た科学技術と生命の尊厳についての考えをうかがいたいと思ったのもそのためだ。

DNAの二重らせん構造に進化の秘密を発見されたきっかけはなんですか

最相　クローンをきっかけに生命の誕生にかかわる科学技術についての取材をしてきたんですが、現場の取材をずっとしておりますと不思議なことが起こります。技術を知れば知るほど、理解してしまうというのでしょうか。はじめ直感的におかしいと思っていたことでも、慣れてくるんですね。

古澤　なるほど。

最相　それは技術のメカニズムがわかった気になっているにすぎなくて、決して研究のコンセプトを理解したというわけではないんです。ですから、ものわかりがよくなっていく自分にちょっと不安を感じ始めておりまして、この対談をお願いしたのも、古澤さんのお考えをうかがうなかで自分の視座を確認したかったということもあります。古澤さんが今の先端科学技術をどうご覧になっているのか。ポストゲノム時代に科学はどういうふうに進んでいけばよいのかということをお話しいただければと。それから、最後に、大変難しいテーマであるんですけれども、進化から見た生命の尊厳とは何かについても、おうかがいできればと思っております。

古澤　できる限り、頑張ります（笑）。

最相　よろしくお願いします。早速ですが、古澤さんが不均衡説を提唱されたきっかけからうかがえますでしょうか。

古澤　そうですね。進化の漫画はご存じですか。アメーバから動物になって、猿から人間になってと一直線に進化をたどる漫画。

最相　ええ。見たことありますね。

古澤　子供のころ、あれを見てね、変やなあと思ったんですよ。

最相　それは、すごい子供ですね。

古澤　あれから進化には関心あってね、中学でいい生物の先生に出会ったことや、おやじが生理学者だったという環境もあるんですけど、どう考えても、生物は自分が進化する力というか、内部にメカニズムがないと無理だなあと直感的に思ってたんです。それで、大学の助手時代に岡崎フラグメントが発見されてそれを見たとき、また変だなあと思った。直感的に変だと思うことは真実だと僕は思っていて、それからもずっと頭の中にあったんですよね。

最相　岡崎フラグメントというのは、DNAの二重鎖がふたつに分裂して自己を複製するときに、二本の鎖でそれぞれ複製の仕方がちがう、というものですよね。

古澤　ええ。岡崎令治さんという生物学者のすごい発見なんです（一九六八年）。二本の鎖が二つに割けて新たな鎖を複製するとき、リーディング鎖と呼ばれるほうは鎖が割ける流れと同じ方向に連続的に複製されるけれど、もう一方の岡崎フラグメントを使うラギング鎖では割けた端から割ける方向と逆に読んでは戻り、読んでは戻りと、不連続的に複製されるんですね。ロールスロイスとトラクターの関係にたとえてみたんですが、こうなれば流れに素直に複製するリーディング鎖よりもラギング鎖のほうが合成の仕方が切れ切れにならざるをえないとわかりますよね（次頁図1参照）。なんで複製の効率も悪い、コピーミスも多く起こるような複雑なシステムを抱えているのか。変やなあと。

第一製薬に来てしばらくしてから、大阪のバイオサイエンス研究所でDNAの複製機構の解明でノーベル賞をとった生化学者のアーサー・コンバーグが講演をしましてね。そのときに使われたDNAの分裂のカラー写真を見て、おおっ、と思ったんですよ。その日のうちに大阪の友だちの家のこたつに入りながら絵を描いて、そのときぼくの進化説はほとんど出来上がりました。

図1　DNA 複製装置のイメージ図

DNA が複製する過程の変異の入り方を古澤さんがイメージ化したもの。ロールスロイスはリーディング鎖、トラクターはラギング鎖の合成装置。両者は連携作業をしているので、結果的に同じスピードで進むが、ロールスロイスは高速道路をゆっくり滑らかに、トラクターは逆方向に行ったりきたりして道路を修繕しながら走っている。トラクターのほうが事故が起こりやすいことは明白。古澤さんらの大腸菌を用いた実験では、トラクターの事故率は約 100 倍多いという結果となった（「遊歩人」より）。

最相　おおっと思われたのは、具体的にどういうことだったんですか。

古澤　なぜそれまで気づかなかったのか不思議なんやけど、これは、左右の鎖で突然変異率が違うぞということですね。

最相　この図を見ると、ロールスロイスは高速道路をゆっくりなめらかに走ってますが、トラクターは逆方向に行ったり来たりしながら道路を修繕していますね。こうなると、ロールスロイスとトラクターでは事故率が違うのは納得できます。

古澤　ぼくらが大腸菌でやっ

た実験では、トラクターの事故率のほうが約百倍多かったんです。じゃあ、なんでこんな非効率的なことやってるんやろうと思うでしょう。でも、いくら非効率的でもメリットがあるからこそ進化の過程で生き残ったはずですよね。そのとき直感的に思ったのは、これまでの集団遺伝学はおかしいんじゃないかということでした。

最相　従来の進化説では、二本鎖の構造や分裂と複製の仕方の違いが問われることはなかったですものね。古澤さんは、二本鎖のコピーミスの頻度の違いと進化の関係に初めて目をつけたわけですね。

古澤　そうです。普通はリーディング鎖で忠実なコピーをして現在の環境に適応して生きていって、いざ環境が急変したときには、うまく変異が入ったラギング鎖のほうをベースにして複製していけばいい。つまり、リーディング鎖によって元本を保証し、ラギング鎖で進化する。この二本鎖の突然変異率が異なることで元本が保証されて、同時に多様性を拡大する結果となったのではないかと考えたわけです。

最相　最初の論文発表は九二年ですね。

古澤　いろいろないきさつがありましてね、最終的に受理されたのが、「ジャーナル・オブ・セオレティカル・バイオロジー」の九二年一五七号です。チーフ・エディターをしている研究者から電話があって、論文審査のレフリーは理解できないといってるが、自分は正しいと思うから掲載すると。

最相　チーフというのはどなたですか。

古澤　位置情報というアイデアを提唱した発生学者のルイス・ウォルパートといって、非常に有名な研究者です。

最相　レフリーの学者は、どういう点が理解できなかったんでしょうか。

古澤　レフリーのコメントは、「遺伝学的熱力学の根本法則に抵触する」でした。熱力学というのは西洋のサイエンスの考え方の根本です。もっと簡単にいうと平均値の学問です。熱力学の第一法則のエネルギー保存の法則も、第二法則のエントロピー増大の法則もすべて平均値の定理なんです。集団遺伝学をはじめとする主な進化論は、熱力学の法則を進化にもあてはめて考えているんですね。

すると、DNAの一回の分裂で入る変異は一個以下、変異率は一を超えたら存在しないことになります。突然変異は九割以上が有害なものですから、分裂するごとに両方の鎖にランダムに一個変異が入るとすると、これを続ければすべてのDNAが変異を起こしてその集団は死に至ることになりますね（図2参照）。

ところが、ぼくの考え方をすれば、変異は片方のラギング鎖に入るだけですから、変異が百個入ろうと一万個入ろうと、もう片方のリーディング鎖で元本を保証しているので集団は死な

図2　DNA 複製と均衡および不均衡モデル

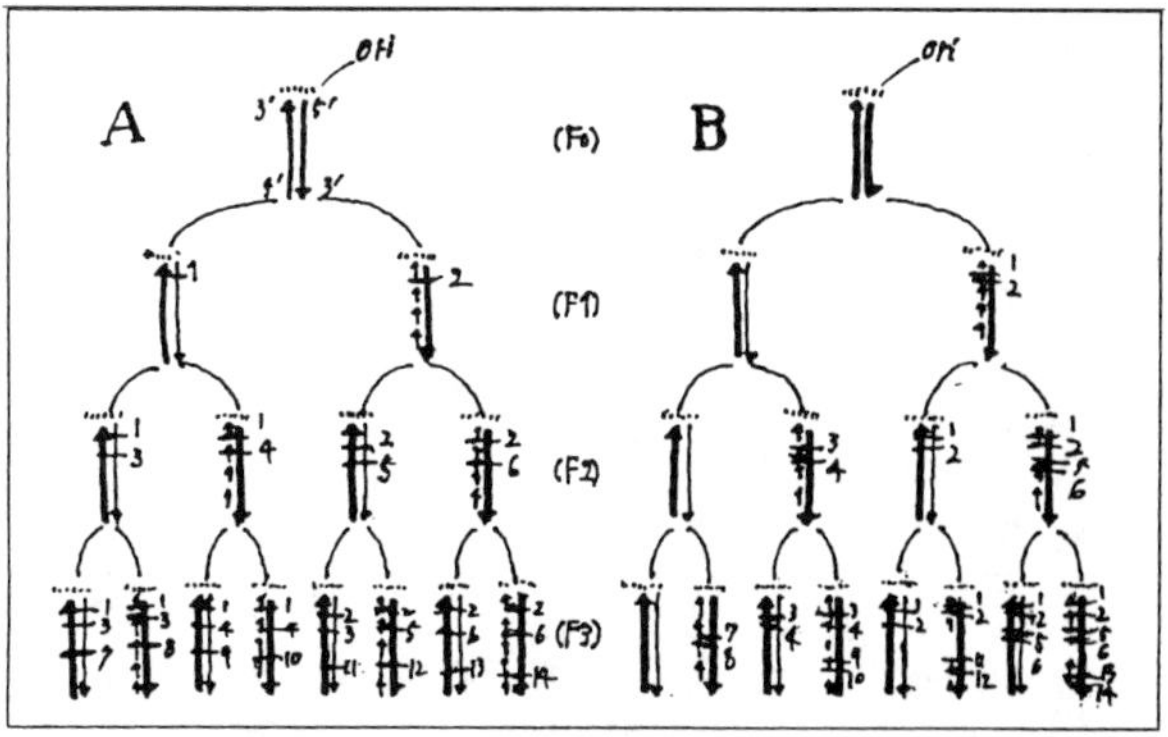

互いに逆方向の矢印は DNA の二本鎖。A は今までの保守的な均衡モデル。B は古澤さんの不均衡モデル。親 DNA が複製すると、2 匹の子 DNA に一個ずつ変異が入る。1、2 の番号は変異の位置、番号が異なれば変異の位置が異なることを表し、一度入った変異は確実に子孫に伝わることにしている。A では、多様性は高まるが、野生型はいなくなり、世代を経るごとに変異が溜まり、やがて集団は絶滅してしまう。B では、ラギング鎖が分裂するごとに 2 個の変異が入り、リーディング鎖にはまったく入らないとする。このルールで複製を繰り返しても元の野生型が常に存在し、過去に存在した遺伝子型も現世にすべて存在する。元本保証の多様性拡大の実現である（「遊歩人」より）。

ないということになります。環境に異変があれば、適応したものを野生型にしてまた分裂すればいい。ところがですね、この考え方にイエスということは、変異はランダムに入るという前提で考えていたこれまでの集団遺伝学のロジックがだめになってしまうということです。理解できない、理解したくないというのはそのためなんでしょうな。

最相　不均衡説は、生存に有利な形質だけが生き残ったとしたら、これほど多様な生物が今も存在していることの説明がつかないというダーウィンへの疑問を解明する画期的な考え方ですね。その意味では、ダーウィンへの疑問を解明しようとした木村資生さんの中立説（一九六八年）を古澤さんはどうお考えになりますか。生物にとって有利でも不利でもない中立の変異が蓄積して長い間に大きな変化となったという木村さんの説も発表当時は大きな批判にさらされたようですが、今では広く認められつつありますね。遺伝子解析の結果からも、生存にまったく役に立っていない遺伝子があることも判明していますし。

古澤　ぼくは中立説を本当に理解しているわけではありませんけれど、一面、非常に正しいと思います。すべての説は、進化のある側面を説明していると思います。今のように環境が安定していれば、変異率が一以下に収まりますから。ただ、中立説も拡散方程式という平均値の定理を使ってますよね。小集団を考えて、その中での数学的揺れを考えることは意味があることだとは思いますが、これではカンブリア大爆発（約六億年前に始まったカンブリア紀に、三葉虫や古杯類等のような骨格をもつ生物が海に大発生して多様化が進み、植物を除く今日のほとんどすべての動物群〔門〕が出そろった進化史上の大事件）や恐竜が絶滅して哺乳類が生まれたというような、強烈な進化は絶対に説明できません。

進化はＤＮＡの突然変異ありきで、そこに淘汰圧がかかって進化する、というダーウィンの筋道はぼくも崩していません。しかし、進化するのは集団ではなくあくまでも個体。個体あっての集団ですから、個体から考えなければなりません。ならば、なぜＤＮＡが分裂する、その分裂の仕方を問題にしないのか。それをぼくは問いかけたいと思うんですね。

ゲノムと形の関係という根本的な疑問

最相　現在の医科学研究は、ＤＮＡの遺伝子部分の同定や遺伝子発現制御、たんぱく質の立体構造と機能の解明、たんぱく質と遺伝病の関係を探る研究へと進んでいます。古澤さんは以前からこれを否定されるわけではないですが、還元主義的な方法論は限界にきていて、このままでは病気や生命の本質にはたどりつけないとおっしゃっていますね。

古澤　憲法をいくら読んでも日本がどんな国かはだれも想像できないということと同じで、ゲノムをいくら解析しても猫がなぜあんな形をしているのかはわかりませんよ。ゲノムと形の関係は生物学の根本的な問題だったはずが、いつのまにか忘れられているように思います。

さらにいえばね、遺伝情報、ゲノムには細胞をつくる能力はまったくありません。細胞をつくる材料をいつつくるかを指示したり、その材料となるたんぱく質をつくって、糖を合成する酵素まではつくることができます。でも、ＤＮＡとたんぱく質と糖を合成しても細胞には絶対ならない。細胞は大昔に、ＤＮＡとはまったく独立に存在したものなんです。

最相　え、そうなんですか。

古澤　ええ。ＤＮＡが先か後か別にして、水の中で油の膜に囲まれて外界とは完全に遮断されている、そういうものが細胞だとしますね。そこにＤＮＡが紛れ込んだか何かなんですよね。細胞とＤＮＡは質的にまったく違うものだとぼくは思うんですよ。

簡単にいうと、ぼくの細胞を一個もってきて、すりつぶして解析して、たんぱく質がなんぼ、アミノ酸なんぼってまぜても、絶対にぼくの細胞にならない。だって、それは原因、結果、原因、原因、結果という歴史の最後の存在としてあるのだから。社会でいえば、大化の改新がなければ明治維新がなければ、もっといえば、何とか台風がなければ今の日本は存在しないんです。

最相　材料が同じでも、絶対同じものはできない？

古澤　そうです。ＤＮＡには歴史性があるとよくいいますが、半分うそだと思いますよ。なぜかというと、ヒトゲノム計画で人間のＤＮＡは約十年で解析できましたが、すべて解析できるということはすべてのＤＮＡを合成できることです。ということは、ＤＮＡには歴史性はないということです。ところが、細胞とのインターラクションが起こった瞬間にＤＮＡに歴史性が生ずる。

たとえば、ぼくのＤＮＡの変異をどんどん戻しても猿にはならんのです。ぼくの細胞質はもう人間ですから、人間の細胞質という初期値をもつ歴史性を背負っている限り、猿には戻らないんです。

最相　歴史性とは、時間のことですか。

古澤　時間と順番です。順番がものすごく大事です。DNAに千個の変異をいちどきにどーんと入れるのと、千年かかって入れるのとでは答えがまったく違います。これがゲノムと形質の関係なのです。

最相　それはつまり、現存する生物のゲノムを比較しても、その生物の共通の祖先はすでにこの世にいないので進化の機構を知ることはできないということでしょうか。比較ゲノム学はゲノム解読に続く「ポスト・ゲノム」の重要テーマとしてアメリカで多額の研究費が投じられていますが、現存の人間とチンパンジーのゲノムを比較しても、双方の進化の機構はわからないということになりますね。ゲノムの差に、言語や二足歩行のような、人間が人間である理由があるように私たちは思いこんでいますが。

古澤　遺伝子だけをなんぼ解析しても形質はわからないということです。そういう学問だということを理解していないと具合悪いですよ。生物学者はころっとそこを忘れてしまったとぼくは思うんですよね。

最相　古澤さんの不均衡説を応用した実験進化学では、今ある生物同士のゲノムを比較するのではなくて、今ある生物を実験的に進化させて形質とゲノムの変化を時間軸にそって解析することで、形質とゲノムの関係を明らかにするという考え方ですね。

古澤 そうですね。ぼくの理論では、計算上ですけれども、時間を百万倍加速できます。一億年の歴史を百年でやるという感じですね。でも、それは実際の一億年後の生物とは違うものです。

最相 実験的に進化を実現することができるけれども……、本当の進化ではない。

古澤 はい、本当の進化ではない。

最相 具体的にはどういう実験が行われるのでしょうか。

古澤 具体的には、コピーミスが起こりやすいラギング鎖で、コピーミスを修正するために働く校正酵素をわざと働かせないようにつぶして、変異率を高いままにおくという方法です。放射線や化学物質だと、この変異率に相当する突然変異が二本鎖にランダムに入れば個体は死んでしまうんですけど、ぼくのやり方で片方の鎖だけに変異を入れた実験では、酵母菌は死ななくて、別の研究者が高等生物を用いた実験でも死なないことがわかっています。

新しい疾患モデルをめざす

最相　人為的に進化を加速するというのは倫理的なハードルが高そうに思うのですが、この実験には、ゲノムと形の関係を知るという科学的探求以外の意味はあるのでしょうか。

古澤　それは当然の質問だと思います。もちろん、人間でこの実験をすることはできません。ただ、これは、遺伝子を操作するのではなくて、個人差を表すスニップ（一塩基多型＝同じ場所にある塩基が一つだけ異なるために薬の副作用の差などに影響する）をつくっているのと同じですから、培養細胞でぼくの方法の実験をやれば、細胞レベルでの体質モデルや病気モデルができるかもしれませんし、将来は新しい疾患モデル動物ができる可能性はあります。それが社会のお役に立てることとやろうと思います。

最相　疾患モデル動物といえば、現在は病気の原因遺伝子を導入したトランスジェニックマウスなどがありますが、それと比べてどんな違いやメリットがあるんでしょうか。

古澤　たとえば、糖尿病の遺伝子が見つかったとしますね。トランスジェニックマウスというのは、それをマウスに入れてその遺伝子だけを変えているんですね。で、あとはみんな正常です。でもね、そんな病気ってあらへんのですよ。病気というのは多くは体質病、いわゆる生活習慣病ですね。体質というのは歴史性をもっていますから、その遺伝子だけが変わっているわけやないんです。トランスジェニックモデルではそこまで解析しようがない。だから、有効なモデルではありますけど、本当のモデルにはならないんです。植物も同じで、遺伝子を入れてもなかなか固定しない。よってたかってまわりが排除しようとするんです。遺伝子が安定しないというのは、これは研究者にとってもう大問題なんですね。でも、生活習慣病のような体質や環境が関係する病気の場合は、ぼくのモデルが役立つのではないでしょうか。

最相　生活習慣病とか、抗がん剤が効く効かないといった個人差を知るには、ということですね。

古澤　体質、個人差って何なのかを知ろうと思ったら、もうこれしか方法はないんやないかと思いますね。ほかにやり方があるなら、聞きたいです。突然変異は自然界でも起こることですから、それを一つもってきて、具現化してあげているだけなんですよ。

進化と時間

最相　進化を実験的に加速するというのは、時間を操作することではないですか。

古澤　そうです。するどいですね。

最相　それを果たして進化と呼ぶのかという疑問があります。

古澤　だからここで、進化には時間がかかるのかという大問題がでてくるわけです。僕は、進化は時間の関数ではないと思っています。

最相　おもしろいですね。今まで、そういうことをおっしゃられた方はおられますか。

古澤　そんなこと考えたことないけど、アプリオリに時間の関数だと思っているでしょう、みんな。

最相　はい、思っています。

古澤　三十八億年かかったのは事実だけど、かける必要はあらへんのです、そんなもの。時計の時間で進化の時間を計ってはいけないんですよ。今、かりに十億年間まったく変化しなかったバクテリアがあるとしましょう。ＤＮＡにはまったく変異がない。では、彼の進化的時間は何なのでしょう。

最相　そういうことは私もときどき考えます。クラゲはなぜいつまでたってもクラゲのままなんだろう。クラゲは進化していないということなのかって。

古澤　そう。変わるから進化なんですよ。変異が入るからこそわれわれは進化を認識できる。成長を見て初めて時間の概念が出てくるんです。変わらんかったら、時間もなにもあらへんもんね。つまり、進化は、時間に比例して変化する線形なものではなくて、突然ぽかーっと何かが起こる非線形なんです。

最相　古澤さんの理論は、カンブリア大爆発を発見した古生物学者のサイモン・コンウェイ・モリスも支持していますね。

古澤　コンウェイ・モリスが、この大爆発をどう説明したかというと、エコロジーだというんですよ。エコロジーというのは、生態学のことです。あのころ、たわしみたいな形してるやつとか変な形した生き物がいろいろいたんですよね。彼は、いつの時代にも、ああいうのはちょろちょろ出てくるというんですがね。ところが、あのときにこんなでかいアノマカリスというグロテスクなやつが出てきたんです。そうすると、こいつが、たわしみたいなのを食おうとする。でも、これは食いにくいじゃないですか。すると、これは残る。そういうことで生きのびたんだと。もちろん、そういうこともあるだろうとぼくは思いますよ。

最相　するとね、じゃあ、ミツル、おまえはどう思うんだと聞くわけです。彼の研究室で議論したときにね。だから、突然変異率が十倍だったとしたらどうするかといったんですね。すると、彼はびっくりして、「そうか、変異率がいつも同じだとだれが決めたんだ」って飛び上がった。

最相　なるほど。それで、古澤さんの著書『DNA's Exquisite Evolutionary Strategy』(1990) にも「これは驚くほどシンプルな考え方だが、非常に大きな波紋を呼ぶだろう」と推薦文を寄せたんですね。

古澤　進化論は科学じゃないんですよ。証明できないから。だから、みんないいたい放題なんです。ぼくも、自分が間違ってるんじゃないかと夜中にはっと目覚めて怖くなったこともありました。でも、今のところ実験ではとてもいい結果が出ています。

最相　古澤さんの説は、進化「論」ではないということですか。

古澤　進化を実験科学に引きずりおろしたという意味では論ではなく、実験進化学という概念でしょうね。これまで進化というと、過去ばかり見てきましたけど、ぼくは未来にしか興味はない。未来はサイエンスになりうるんです。

最相　そうなると、古澤さんがお考えになる進化観というのでしょうか、そこからご覧になった生命の尊厳とはどういうことになるのでしょうか。

古澤　地球が太陽と適当な距離にあって、人間のように知性のある生物も存在していて、いろんなことを認識できる。そういうレベルに達しているということが、もうとんでもないことだと思いますね。もし、もう何億年も後だったら生まれていないかもしれない。人間に限りませんよ。アリだって何億年もかけて同じだけ苦労してここまできたわけです。それは、もうかけがえのない生命、生物学的にいっても奇跡だと思うんです。だから、だれもがいうことでしょうけど、今ここにいるということ、それが生命の尊厳ということではないでしょうか。そう思いますけどね。ぼく、虫だって絶対に殺せませんもん。

古澤さんの不均衡説で注目すべきは、DNA二重らせん構造に着目し、なぜ二本鎖なのかと問い、その分裂と複製の仕方に違いがあることを進化の鍵ではないかと指摘したこと。そして、西洋科学の考え方を進化に適用したことの問題点を突いたところだろう。

もしこの考え方が正しいとすれば、不均衡説は過去の進化論と対立関係にあるものではなく、それらが見出したある側面を裏付け、あるいは否定し修正する土台となるものかもしれない。

古澤さんは過大評価だと否定するが、今はまだ、ごく少数の、とくに日本では一握りの人にしか理解されていないという状況に、メンデルが遺伝法則を発表したとき、あまりの単純さに大きな批判があったというエピソードが重なる。古澤さんは現在、文中で紹介した疾患モデル動物のほか、環境浄化につながる乳酸やアルコール生成効率の高い酵母の開発を目指し、大学や企業との共同研究を行っている。古澤さんの口ぐせは、「科学の真理は社会の役に立つ」。未来は、古澤さんの説をどう評価するだろうか。

進化は時間の関数ではない。だからこそ、三十八億年かけて今こうなった、その唯一性こそ尊いと語る古澤さんに、生命の「尊厳」についての、新たな科学的視点をもらった気がする。

終章

未来

「取材やさまざまな分野の人々との対話を通じて痛感したことが一つある。それは、がん医療や臓器移植のような目下の先端医療が抱える課題と同様、二十年先の未来医療も長い歴史の間に築かれた日本人の死生観と切り離せないものであり、結局は今の自分自身がどうしたいのか、どうされたくないのか、という卑近なところまで引き寄せてみなければ、大事なものは何も見えてこないということだ」

（最相葉月の言葉）

生命の始まりに科学技術が介入することで、これまで治療法のなかった病気が治る可能性が見えてきた。この技術を受け入れるのか否か、受け入れるとすれば何を考慮しなければならないか、どんな倫理的な問題が存在するのか、規制を設ければ技術を推進してよいのか。

クローン羊ドリーの誕生をきっかけに始まった国の政策レベルの議論が縦軸にあるとすれば、本書に登場していただいた十二名の方々との対話は、技術の是非や規制の方法といった手続き論に陥りがちなこのテーマを一歩引いたところで見つめ直し、科学技術が踏み込みつつある領域を確認する横軸の作業であったように思う。

話をうかがうにあたっては、専門家という「立場」をはなれた一人の「人」としての想いを訊ねようと心がけた。生命、それも生死の際に関わる技術を論じるときに、その人自身が生きてきた時間や思考の軌跡と切り離してそれらを語ることなど不可能と思えたからである。そのため私は、通常の取材ではめったに口にしない直接的な問いをたびたび発している。結局、どうすればいいのですか、このままでいいのでしょうか、と。

こんな問いを繰り返してしまった背景は、一つには序章にも書いたように、クローン技術の法制化の審議から法案成立までを取材していく過程で、多くの重要な事柄が充分検討されずに抜け落ちていったことへの危機感があった。そして、もう一つは、ちょうど同じ時期に私の個人的な事情が重なったことが影響していたのではないかと思う。

この取材をしている最中、父が末期がんで倒れた。がんはいまや三人に一人が罹患する病であり、多くの人がその苦しみや介護の苦労を経験されているから、それ自体は特筆すべきことではないだろう。ただ私の場合、少しばかり困った事情があった。十数年前から母も脳に病を抱えているため、父の介護ができる状態ではなかったのだ。そのため、毎週、あるいは二週間おきに、実家のある神戸と両親それぞれの病院と東京を行き来せざるをえなくなった。ヘルパーや介護士の助けは借りていたものの、病院で徹夜してからその足で内閣府総合科学技術会議生命倫理専門調査会の審議を傍聴しにいった日には、さすがにむなしさに襲われた。

目の前の家族を助けられないのに、十年、二十年も先の医療、それも実現するかどうかもわからない医療についてあれこれいってどうするのか。生命倫理を議論する国の最高機関であるはずの場所にこれだけの知識人と呼ばれる人々を集めて、いったい何を議論しているのだろうか。もっと緊急に採り上げるべき生命倫理の課題はほかにあるのではないか。

受精卵は生命だといってＥＳ細胞の研究を厳しく規制していたブッシュ大統領が、その舌の根の乾かぬうちにイラクの人々を攻撃し始めたことも心に重くのしかかってきた。

疲労困憊して病院から乗り込んだタクシーが、再生医療を推進する神戸医療産業都市構想が展開されているポートアイランドの近くを通りかかったとき、娘が乳がんで闘病しているという運転手さんがつぶやいた言葉が胸に迫った。「新聞やテレビ見てると、明日にもがんが治るようにいうけど、本当に治るときにはわしら、この世におらへんしなぁ」。

クローンは遠い。あまりに遠すぎる。

未来医療といえば聞こえはいいが、これが果たしていま緊急に取り組むべきテーマであるのかという、取材者としての根本的な疑問にもとらわれた。

再び冷静にこのテーマを考えられるようになったのは、二年あまりが過ぎて父の容態が安定し、病院に頻繁に通わなくてもよくなった頃である。十二名の方々やサイトのサポーターらと話し合ううちに心が整理されていったこともあるだろう。目の前の患者の治療と未来医療の双方を同時進行で目の前に突きつけられた結果、これらは決して天秤にかけられるものではないと考えられるようになった。

目の前の患者を治療したり、介護の体制を整備したりするのは当然のことながら喫緊の課題である。また、未来の医療にも、危惧されるあらゆる事態を想定して今から準備しておかなければならない課題が山積している。

たとえば、受精卵や卵子が研究や治療に使用されるのが珍しくない社会が到来したとしよう。

その場合、受精卵や卵子は提供者が特定されぬよう個人情報を切り離して匿名化されているはずだが、提供者の顔が見えなくなったことでそれらが「モノ」のように扱われることはないだろうか。患者の治癒《ちゆ》を願う善意の第三者からの大切な気持ちがこめられていることを忘れずにいるためには、どのような配慮をすればいいのだろうか。

「モノ」扱いを危惧するのは、新聞記事に「臓器不足を解消」「国産ES細胞」といった表現を散見するようになったためである。臓器とはそもそも足りたり余ったりするものではないのに、「不足」とはどういうことか。ES細胞は匿名の夫婦から善意で提供された受精卵からつくられる貴重な細胞なのに、「国産」とはまるで牛肉のようではないか。科学を一般の人にわかりやすく説明する立場にいるはずの人々の心がすでに、何か得体の知れぬものに侵食されつつあると感じた。

序章で述べたように、クローン報道は激減した。ドリーのことも、みんなすっかり忘れている。あの騒ぎはなんだったのか。数字だけをみれば、そんな疑問がわく。

だが、いま一度、12ページのグラフを見ていただきたい。クローン人間に関する報道が減少する一方、臨床に結びつくES細胞、不妊治療に関する報道は一定レベルで推移している。これは、ドリーを機に生命の誕生に関わる科学技術への関心が高まり、不妊治療の実態がようやく公の場で議論されるようになってきたこと、さらに、ドリーにこめられていた医療面での期待が、少しずつ現実のものとなりつつあることを意味しているのではないだろうか。

一例をあげれば、動物の遺伝子を操作し、乳汁中に人間の病気の治療に有効な成分を生産する「動物工場」由来の医薬品第一号が、二〇〇六年はじめには発売されるといわれている。先天性アンチトロンビン欠乏症の患者が手術に臨むときに形成されやすい深部静脈血栓を予防するための薬で、アメリカのGTCバイオセラピューティクス社が開発、現在、欧州医薬品庁が商業化を審査中である。従来の血液由来のものとは異なり、生産コストも大幅に軽減される。

ヒト胚研究も、新たな段階に歩を進めている。

二〇〇四年二月、韓国ソウル国立大学の黄禹錫《ファンウソク》、文信容《ムンシンヨン》両教授らのグループが世界で初めて人のクローン胚からES細胞をつくることに成功したことが発表された（米科学誌サイエンス二月十二日号）。この研究が韓国メディアをあげて称賛、研究者が英雄視され、アジア初の生命倫理法「生命倫理および安全に関する法律」（二〇〇五年一月施行）のもと研究が推進されることになったことは、クローン胚作成を一時停止していたモラトリアム中の国々の研究者を大いに刺激したようだ。

半年後にはイギリスのヒト受精・発生学委員会（HFEA）は、国立ニューカッスル大学の研究グループが申請していた、人のクローン胚からES細胞をつくる研究を認可した。

アメリカでは、規制緩和を求める科学者のロビー活動がさらに活発化した。

日本も例外ではなく、結論からいえば、内閣府総合科学技術会議生命倫理専門調査会は、韓国チームの成功から五か月後の二〇〇四年七月十三日、生殖医療の研究のために受精卵を作成・利用することや、臨床応用を含まない難病等に関する医療のための基礎的な研究に限って、クローン胚の作成を容認する最終報告書、正式名「ヒト胚の取り扱いに関する基本的考え方」をまとめた。今後、患者の体細胞を用いるクローン胚由来のES細胞を培養することで、拒絶反応の起こらない細胞移植医療を目指す研究がスタートするだろう。

この最終報告書は日本のヒト胚研究に大きな影響を与える内容なので、決定に至るまでの背景をここに書き留めておきたい。

まずこれは、全会一致で決定された報告書ではない。生命倫理専門調査会を構成する二十一名（総合科学技術会議議員六名、専門委員十五名）のうち、入れ替わりが激しい総合科学技術会議議員は除外して、受精卵や卵子を使用する研究やクローン胚の作成に明らかに賛成、推進すべきと述べていた専門委員は医学者を中心に五名。一方、生物学、哲学、宗教学、法学者ら五名は、反対あるいは慎重な態度をとっていた。後者も、だれ一人として患者の治療を願わない人はいないが、解禁の前提として解決しなければならない課題があるという立場である。報道では、推進派（多数派）、慎重派（少数派）などと呼ばれたが、実態はほぼ互角といった様相であった。議決権をもつ総合科学技術会議議員と、態度があいまいだった専門委員の多くが賛成票を投じたことで表向き賛成多数となり決定されたのである。慎重派といわれた五名は最終的に、報告書に賛意を表明することはなかった。その理由は後述するが、普通に傍聴している者の目にも報告書の不徹底は明らかだった。

まず、一部の委員が繰り返し指摘した重要事項、クローン研究の科学的な分析や生殖医療の実態調査、女性の保護のあり方についての検討はまったく不充分だった。日本には三百頭以上のクローン牛が生まれているはずなのに、そんな身近な研究の進行状況が報告されたこともなかった。女性の身体に関わる技術であるからといって女性委員にとくに期待するわけではないが、法学者の石井美智子委員（現・明治大学教授）以外の女性委員がこの点への懸念をまったく表明しなかったのは異様に思えた。ここに書くのも情けない話なのだが、会合に一年以上出席していない委員もいれば、出席してもほとんど発言せずに帰る委員もいた。

発言しない委員、欠席委員の真意を確認するため、受精卵を研究目的に作成することを認めるか否かを○×式で問うアンケートが全員に郵送されたことがあったのだが、このときは「○か×かで決められないようなものだったからこそ、ここで長時間議論してきたのではなかったのか。井村（裕夫）会長はなぜ結論を急ぐのか」と、勝木元也委員（現・大学共同利用機関法人自然科学研究機構基礎生物学研究所所長）と島薗進委員が意見書を提出、回答を拒むハプニングもあった。

生命倫理は、一方が他方をねじふせるような議論が有効とはいえないのに、慎重派が投げた疑問はいつまでも解消されず、双方なかなか歩み寄ることができない。議論が蓄積されない。

実は、議事進行をめぐる批判は、生命倫理専門調査会が発足した当初から存在していた。総合科学技術会議議員として参加したノーベル化学賞受賞者の白川英樹議員は、事務局が準備した書面への賛否に終始して建設的な意見交換が行われない状況にしびれを切らせたのか、第四回会合で初めて口を開き、「これだけの頭脳を集めていて、ずいぶん無駄な議論をしている気がします」と指摘している。

井村氏が二〇〇四年一月に会長を退任、薬師寺泰蔵会長（総合科学技術会議議員）に交代してからも批判は相次いだ。推進派、慎重派ともになかなか譲り合えない平行線であったにもかかわらず、結論を誘導する最終報告書会長案が突然提示され多数決が行われたときは、一部の委員の憤りは最高潮に達した。事前に内容を知らされていた委員、賛成票を投ずるためだけにやってきた委員がいたことで、調査会への不信は報道機関にも広がった。

ヒト胚研究がどこに踏み込むことになるのか。その未来に想像力を働かせられない人々が議決権をもつという恐るべき現実。

ある新聞記者が私に、審議会に何を期待するのか、大統領に意見具申できるアメリカの生命倫理委員会と違い、日本の会長などただの調整役にすぎないといったが、この生命倫理専門調査会が日本の生命倫理政策を方向付ける最高にして唯一の場所である限り、そこで議論されることを軽視するわけにはいかなかった。

私は、これまで生物学者として一貫して科学的・倫理的見地からクローン胚の作成に疑念を呈し続けた、勝木元也委員の次の発言を忘れないだろう。

「これは一歩踏み出したら取り返しのつかないことになる可能性があるということです。（中略）本当に取り返しがつかなくなったときに、われわれの責任をどうするのだということが私の発言したいことです」（第二十六回会合）

三年間計三十八回もの審議を経て報告書が最終決定された日、終了間際に位田隆一委員（京都大学法学部教授）が挙手、これまでの審議プロセスの問題点を指摘し、「非民主的な手続きによってこの最終報告書が決定されたのは残念である。この報告書は非民主的な環境の中で議論され、結論に至った報告書であるという疑念を表明しておきたい」と述べた。

薬師寺会長は記者団に対し、「手続き上の問題は私の責任。申し訳ないし、過ちを犯したと思っている」「ただし、過ちを認めたわけではなく、自分ではそういうつもりはない。結果的にアンフェアだといわれたことは重く受け止めたいが、ぼくは一生懸命だった」と不可解な弁明に終始し、生命倫理の議論にもっとも必要な「信頼」がここには欠如していることを印象づけた。

終了後、異例の記者会見が行われた。ヒト胚研究に対して慎重な態度をとり続けた、勝木元也、島薗進、鷲田清一、位田隆一、石井美智子の五名の委員が、最終報告書の問題点を指摘する意見書を共同で発表したのである。骨子は次のとおり。

①研究目的でのヒト受精胚作成は原則として禁止されるべきである。生殖補助医療の研究目的では容認される例外はあるが、その実情については調査会では認識されておらず、認める条件や根拠、法的制度的検討も議論されていない。今後早急に取り扱いの是非について改めて決定すべきである（引用者注・不妊治療の現場では、患者の卵子や精子を用いて行う受精研究が、日本産科婦人科学会会告のもとすでに実施されている）。

②再生医療に有効といわれる科学的根拠は一般社会に理解できるかたちで説明されなかった。したがって倫理的議論が深まり、十分な科学的根拠が提示されるまでは認めるべきでない。

③ヒト胚研究は学会などの専門家集団や各省庁にゆだねるのではなく、国として一貫した審査機能をもつ機関が必要である（引用者注・先例としては、イギリスのヒト受精・発生学委員会HFEAがある）。

④内閣府に、生命倫理に関して独立した検討組織を設けるべく早急に措置がとられるべきである（引用者注・生命倫理専門調査会は総合科学技術会議の下部委員会のため、科学技術の推進を

前提とする機構のもとでは独自の判断が困難、権限が制限されていた）。

審議をほとんど欠かさず傍聴し続けていた私は、この日、日本におけるヒト胚研究には反対せざるをえないという結論に達した。生殖医療目的に受精卵をつくる研究も、卵子や受精卵や中絶胎児を研究に利用することも反対である。年齢的に無理であることは別にして、私は受精卵や卵子の提供者にはならないし、患者であったとしても、この治療は受けない。ドリーの誕生から八年、公平であるべき取材者やサイトの主宰者という「立場」を下りても、私は反対したいと思った。これが、個人的な結論である。

この間、不妊治療に苦しむ人々や再生医療に望みを託している人々の話を聞いた。「パーキンソン病で苦しむ人のために、私たちの受精卵を提供したい」。そう望む夫婦にも会った。サイトや取材を通じ、できる限り双方の意見に耳を傾けてきたつもりである。中辻憲夫さんをはじめ真摯に研究に取り組む科学者の話を聞く中で、なんとか歩み寄れる道がないものかと思案した。

ただ、今のままではあまりに危険だ。科学研究の成果を報告し評価を行い、政策に反映させるシステムはない。病気の治療を願い受精卵や卵子や中絶した胎児を提供する人々、治療を待つ人々、どちらの心も支えられるだけのシステムはない。今これを押し切れば、きっと最悪の事態が起こるだろうとの危惧がぬぐえなかった。なにより、この決定を下した国の審議プロセスを信頼することができなかった。

同じ日、LNETのサイトのコラム欄にこの間の経緯を説明し、私の結論を記した。すると、ある専門家サポーターの方から、主宰者がどちらか一方の意見をもつのではサイトの公平性に疑問があるのではないかとの指摘を受け、私ももっともだと思ったので以後、更新を停止することに決めた。当初、国がこのようなシステムを整備すれば閉鎖すると公表していたが、幸いにして、大学や研究機関、市民団体の情報発信も充実してきた上、ブログの普及で個人が容易に意見交換できるようになったため、LNETの初期の役割は終えたとの判断もある。

情報の紹介は公平にすることを主旨としていたサイトを運営する人間が一方の結論に至ったことに対して、それまで協力してくれていたサポーターの方々に本当に申し訳ないと思うが、もっとも心残りなのは私自身である。現在、リニューアルを検討しているが、従来よりもっと私個人の見解を打ち出すものになるだろう。

取材やさまざまな分野の人々との対話を通じて痛感したことが一つある。それは、がん医療や臓器移植のような目下の先端医療が抱える課題と同様、二十年先の未来医療も長い歴史の間に築かれた日本人の死生観と切り離せないものであり、結局は今の自分自身がどうしたいのか、どうされたくないのか、という卑近なところまで引き寄せてみなければ、大事なものは何も見えてこないということだ。目の前の患者の治療と未来医療は天秤にかけられないと前述したが、天秤にかけるどころか、地続きなのである。

少なくとも、この最終報告書には、未来に責任をもとうとする決意、「いのちの言葉」が存在しない。生命の始まりに介入する科学技術をめぐるスタート地点が、このように軟弱な土台に築かれたからには、今後の動向は厳しく監視していかねばならないと思っている。

サイトの更新を停止するにあたり、最終報告書をめぐる座談会を行った。この報告書が何を議論し、何を置き去りにしたかについて、本書にも登場していただいた島薗進さんや武藤香織さんを含むＬＮＥＴの専門家サポーターと意見交換した。詳細は現在もサイトで公開しているので興味のある方はそちらを参照していただきたい。その中で、ハンチントン病の患者・家族会の世話人をしている武藤香織さんの次の言葉には全員が深く賛同したので紹介する。未来医療を考えるときには、常にこのような揺り戻しが必要ではなかろうか。

「医学だけが助けられるわけではないと思います。直感的にそれをわかっている患者は、医学研究への参加を存在証明や生きがいのように受け止めていることもあります。だからといって、すぐに治療法や予防法の確立というニンジンをぶらさげられて、患者の存在証明にあぐらをかいてはいけないはず。病気をかかえた人にとっては、宗教的な救いや文化的・物質的な支援もある。医学的な救いだけが正当化され、そこにお金がつぎ込まれていることにはバランスの悪さを感じます」

最後に、人のクローン胚を用いる研究の最新事情にふれておく。

ドリーを誕生させたイアン・ウィルマットを責任者とする英ロスリン研究所のグループは現在、筋萎縮性側索硬化症（ALS）など運動ニューロン疾患が発症する仕組みを解明、治療方法を開発するための研究を開始している。

韓国ソウル国立大学の黄禹錫・文信容教授らの研究グループは、引き続き、脊髄損傷、先天性免疫不全、若年性糖尿病の患者の体細胞からとりだした核をボランティアの女性が無償で提供した卵子に移植したクローン胚からES細胞をつくることに成功したと、サイエンス誌二〇〇五年五月二〇日号に発表した。十六名の女性から採取した二百四十二個の卵子を用いて、たった一株のES細胞しか得られなかった一年前と比べ、今回は十八名の女性の百八十五個の卵子から十一株と、ES細胞樹立の成功率は十倍以上アップした。「不妊患者ではなく、生殖能力の高い若い女性の新鮮な卵子を用いたことが、成功の重要な鍵だった」と黄教授は語っている。

同年七月に文部科学省の要請で来日した文信容教授は、動物実験を経ずにいきなり人間で研究を行っているとの批判に対し、自身が産婦人科医として人間の生殖に関する研究蓄積が長いことから、ヒト胚を使うほうが容易であるし、成功率も高いと説明した。この医療が臨床応用される場合には、「患者一人一人に対して個別にクローン胚からES細胞をつくるのは無理。最終的には卵子を使用しなくても拒絶反応のない移植医療ができるよう研究を行っているので、十年二十年後を見据えた未来医療として研究の道を閉ざすことなく見守っていただきたい」と述べた。

文教授は、研究に批判的な韓国の宗教団体、女性団体、倫理団体とも公聴会で意見交換を重ねており、その週末も、「ES細胞について教えてください」という中学生のグループに説明会を行う予定とのこと。「私の手帳はそんな予定で真っ黒です」と語っていたのが印象的だった。東亜日報（五月十八日付電子版）は、イアン・ウィルマット率いるロスリン研究所がALS（筋萎縮性側索硬化症）の治療に向けた共同研究を黄教授のチームに提案、十月には正式に協定を締結すると伝えている。

日本では二〇〇四年十二月から、文部科学省の「特定胚及びヒトES細胞研究専門委員会・人クローン胚研究利用作業部会」が、クローン法の見直しのための議論を行っている。見直しとは、総合科学技術会議の最終報告書が容認したクローン胚作成を開始するため、これを禁じたクローン法にもとづく特定胚指針を改訂することである。ただし、技術の安定性や安全性に問題が多く、科学的な検証が不充分であること、さらには、受精卵や卵子をどこから確保するかという点に関しても生殖医療の実態調査が不徹底であることなどから、審議はまだほとんど進んでいない。

初回の会合では、世界で初めて人間のES細胞の培養に成功したウィスコンシン大学のトムソン教授らがES細胞の遺伝子相同組み換えが可能であることをネイチャー・バイオテクノロジー誌に発表し、これによって遺伝子を好きなように改変したデザイナーベビーが生まれる危険性が高まったことが報告されたほか、マウスのクローン研究を行っている委員から、クローン胚には依然として遺伝子発現に多くの異常がみられることが報告された。

なかでも、第二回に参考人として招聘された近畿大学農学部・角田幸雄教授の「動物クローン個体作出研究の現状、特に家畜を中心として」と題する報告は衝撃的だった。角田教授は、世界初の体細胞由来クローン牛「のと」「かが」を誕生させた人である。あれだけたくさん誕生したクローン牛たちがその後どうなったのか、農水省が発表するプレスリリース「家畜クローン研究の現状について」の数字からは想像しにくかった実態がこの日、明かされた。

「のと」「かが」以来、日本ではこれまでに四百二十五頭の体細胞由来クローン牛が誕生した。しかし、死産が三一パーセント、病死が二一パーセント、両方で五二パーセントが出産前後で死んでいる。角田教授がとくに問題視するのは、病死の中に、足がひん曲がって立てなかったり、臓器がうまく形成されなかったりする形態形成異常の牛が含まれていることである。このような牛は、たとえ声をあげて鳴いていても緊急に殺処分される。角田教授は、奇形の牛の写真を示しながら、「大ざっぱにいいましても、五五パーセントぐらいはおかしいんちゃうかなということでございます。もっとひどいやつを出そうかと思ったんですが、あまりえげつないのを皆さんにお持ちしてもちょっとどうかなと、これくらいにさせていただきました。もっとひどいのはいっぱいございます」と述べた。

ただ、クローン技術はいまだ不完全なものなのでまずは動物で確立すべきだといいつつ、人のクローン胚をつくることの是非に言及するわけではなかった。あくまでも関心の対象は、家畜である。霜降り肉を好む日本人が、今後ぜいたくな食生活をやめることはないだろうし、農業従事者もこれからは減少の一途をたどるだろうから、家畜の生産性向上のためにも、クローン技術を研ぎ澄ましていきたい、と語るのである。

「今まで散々やってきましたけど、残されたのはコピーをつくるという技術でございまして、これは何としてもやり遂げたいと思っているところでございます」(二〇〇五年三月十七日議事録)

体細胞由来のクローン牛をつくる目的は、牛の品種改良、とくに、霜降り牛肉を効率的に安価で提供すること。九八年に掲げた日本人の欲望の結果がこれである。いや、今はまだ技術が成熟するまでの過渡期であるから、もう少し見守っていてほしいということのようである。

日本のヒト胚研究はこうして危ういスタートを切ったわけだが、だからといって未来が絶望的というわけではない。歴史が証明してきたように、大きく一方に針が振れた場合、たとえ時間はかかっても、人々はその知恵と努力によって中庸を得てきたし、そのための苦労ならば惜しまぬことがいまを生きる人々のあたりまえの責務だと思うからだ。

欧米に比べて宗教的な抵抗が少ないアジア、それも、代理母出産や卵子提供が商業ベースで実施されてきた韓国で（卵子提供は二〇〇五年末で法により禁止）、いま国を挙げてヒト胚研究が推進され始めたのはさほど驚くことではない。研究者は英雄、卵子を提供した女性はみな愛国的な心情から研究に協力した、と伝える報道の陰に隠れているものを見極めることが、さしあたり必要だろう。先述したイギリスほか、日米アジア諸国と韓国の共同研究も二〇〇五年秋に始まるが、科学者間のネットワークが互いの文化的社会的風土の相違を浮きぼりにし、新たな問題を提起していく可能性もあるのではないだろうか。

インターネットの効用もあり、たとえ意見を異にしても、人々が対話を続けられることは私が決して悲観的になれない大きな要因である。国際間のコミュニケーションとなるとハードルは高くなるが、それとて不可能なわけではない。アカデミズムでは生命科学と倫理問題に関する国際共同研究が着々と進められつつあるし、芸術や文学、映画などで問題意識を共有する表現活動を目にすることも多くなった。対話をつくせば他者とすべて理解しあえるなどという甘い幻想は抱いていない。だが、対話の糸口を探ろうとする個々の小さな試み、その積み重ねは、常に心に留めていたいと思う。

戦争で奪われてゆく生命、飢餓や感染症で失われてゆく生命と比べれば、本書が採りあげてきたような「いのち」はなんとぜいたくかと思われるだろう。それでもなお、まだ人への臨床応用の段階にもない未来医療についていまのうちに書き留めておかねばならないことがあると考えたのは、そこに、人の人とのつながりや未来への想像力を問う、重要な何かが凝縮されているように感じられたからである。

新しい生命科学によって変わりつつある「いのち」の現場からの中間報告と対話。本書が、きたる未来医療に向きあうための一つの手がかりとなることを願いつつ、ここで再び、いったん筆をおくことにする。

【対話者略歴】(登場順)

鷲田清一(わしだ・きよかず)

1949年、京都市生まれ。京都大学大学院文学研究科博士課程修了。哲学・倫理学専攻。現在、大阪大学大学院文学研究科哲学講座教授。モード論、「顔」論など、既成の概念にとらわれない独自の研究領域を切り拓く。主著に『現象学の視線』『モードの迷宮』『老いの空白』などがある。

柳澤桂子(やなぎさわ・けいこ)

1938年、東京生まれ。お茶の水女子大学理学部卒業。コロンビア大学大学院修了。慶應義塾大学医学部助手を経て、三菱化成生命科学研究所主任研究員だった78年、原因不明の病に倒れ、83年退職。以後、サイエンスライターとして旺盛な執筆活動を展開する。主著に『二重らせんの私』『すべてのいのちが愛おしい』『生きて死ぬ智慧』などがある。

島薗　進(しまぞの・すすむ)

1948年、東京生まれ。東京大学文学部卒業。77年、東京大学大学院博士課程単位取得退学。現在、東京大学大学院人文社会系研究科教授。宗教学専攻。専門は近代日本の宗教史。主著に『ポストモダンの新宗教』『現代宗教の可能性』『時代のなかの新宗教』『〈癒す知〉の系譜』などがある。

中辻憲夫(なかつじ・のりお)

1950年、和歌山県生まれ。京都大学大学院理学研究科博士課程修了。理学博士。欧米の大学、明治乳業ヘルスサイエンス研究所、国立遺伝学研究所での研究生活を経て、現在、京都大学再生医科学研究所教授・再生医科学研究所長。専門は発生生物学・発生工学。主著に『ヒトES細胞　なぜ万能か』『発生工学のすすめ』などがある。

山内一也（やまのうち・かずや）

1931年、横浜市生まれ。東京大学農学部卒業。北里研究所、国立予防衛生研究所を経て、79年より東京大学医科学研究所教授。現在、東京大学名誉教授。専門はウイルス学。主著に『ウイルスと人間』『忍び寄るバイオテロ』『プリオン病の謎に迫る』『エマージングウイルスの世紀』などがある。

荻巣樹徳（おぎす・みきのり）

1951年、愛知県生まれ。10代から伝統園芸植物に興味を抱き始め、その栽培技術を先達に教えを乞いながら習得する。80年より中国西南部の調査を始め、82〜84年には中国四川大学へ留学。現在、東方植物文化研究所主宰。これまでに70種を超える新種や伝説的な植物を発見。著書に『幻の植物を追って』がある。

額田　勲（ぬかだ・いさお）

1940年、神戸市生まれ。京都大学薬学部、鹿児島大学医学部卒業。80年に神戸みどり病院を開院し院長に。89年より、神戸生命倫理研究会代表。2003年には医療法人社団倫生会みどり病院理事長に。現代の生と死をめぐる問題をテーマに発言している。主著に『孤独死』『終末期医療はいま』『いのち織りなす家族』などがある。

後藤正治（ごとう・まさはる）

1946年、京都市生まれ。京都大学農学部卒業。日本初の心臓移植となった和田移植を取材した『空白の軌跡』を発表、ノンフィクション作家として歩を始める。以後、『遠いリング』『リターンマッチ』などスポーツのジャンルと同時に、『甦る鼓動』『生体肝移植』といった医療の分野をフィールドに旺盛な取材・執筆を行っている。

黒谷明美（くろたに・あけみ）

東京生まれ。お茶の水女子大学理学部卒業。大阪大学大学院基礎工学研究科博士課程修了。工学博士。専門分野は宇宙生物学・発生生物学。現在、宇宙航空研究開発機構宇宙科学研究本部助教授。主著に『絵でわかる生命のしくみ』『絵でわかる細胞の世界』。共著に『星と生き物たちの宇宙』がある。

武藤香織（むとう・かおり）

1970年生まれ。慶應義塾大学卒業後、東京大学大学院医学系研究科博士課程単位取得退学。博士（保健学）。専門は社会学。医療や家族を中心としたテーマを研究している。米国ブラウン大学研究員を経て、現在は信州大学医学部保健学科講師。日本ハンチントン病ネットワーク共同代表。本稿に登場するアリス・ウェクスラーの著書『ウェクスラー家の選択』の共訳者でもある。

アリス・ウェクスラー

1942年生まれ。インディアナ大学で歴史学（ラテン・アメリカ史）の博士号を取得。カリフォルニア州ソノマ大学で教鞭をとった後、80年代より執筆活動を始める。現在、UCLA女性学研究所研究員、遺伝病財団常任理事。

古澤　満（ふるさわ・みつる）

1932年、大阪生まれ。金沢大学理学部卒業。理学博士。大阪市立大学助教授、第一製薬分子生物研究室室長、同社取締役を経て、現在、第一製薬特別参事。ネオ・モルガン研究所取締役。分子生物学研究の第一人者。

最相葉月（さいしょう　はづき）
1963年東京生まれの神戸育ち。関西学院大学法学部法律学科卒業。会社勤務を経て20代後半よりフリー編集者・ライターに。主著に『絶対音感』（小学館ノンフィクション大賞、小学館文庫）、『なんといふ空』（中公文庫），『東京大学応援部物語』（集英社）、『熱烈応援！スポーツ天国』（ちくまプリマー新書）、『青いバラ』（新潮文庫）、『あのころの未来――星新一の預言』（新潮文庫）、『最相葉月のさいとび』（筑摩書房）。生命科学の情報ページ「Life Science Information Net」（http://homepage2.nifty.com/jyuseiran/main.html）を主宰。

文春新書

474

いのち
――生命科学に言葉はあるか

2005年(平成17年)10月20日　第1刷発行

著　者　最相葉月
発行者　細井秀雄
発行所　株式会社　文藝春秋

〒102-8008　東京都千代田区紀尾井町3-23
電話（03）3265-1211（代表）

印刷所　理想社
付物印刷　大日本印刷
製本所　大口製本

定価はカバーに表示してあります。
万一、落丁・乱丁の場合は小社製作部宛お送り下さい。
送料小社負担でお取替え致します。

ISBN4-16-660474-0

文春新書好評既刊

石山昱夫《いくお》
科学鑑定
——ひき逃げ車種からDNAまで

指紋や声紋、血液型、ひき逃げ車種の解明、青酸などの化学分析やDNA鑑定による親子関係の判定など、楽しく読める最前線の現場

013

掛札　堅
ガン遺伝子を追いつめる

抗ガン剤はなぜ効かないのか。転移ガンの意外な弱点とは？　ガン研究のメッカ「アメリカ国立ガン研究所」から発信された最新情報

070

大朏《おおつき》博善
ES細胞
——万能細胞への夢と禁忌

生命倫理的にクローン羊より遥かにスキャンダラスな「万能細胞」の正体は？　マスコミが報じないその可能性と問題点を解きあかす

105

中島みち
脳死と臓器移植法

脳死臓器移植法が成立するまでの難産ぶりを明らかにしつつ、プライバシー保護の名のもとに進む脳死移植の現場の密室性を問い直す

140

福岡伸一
もう牛を食べても安心か

狂牛病は終わってはいない。それどころか、いよいよ謎は深まるばかり。現状に警告を発しつつ、問題を根本に立ちかえって考察する

416

文藝春秋刊